实用性村庄规划理论与实践

高宜程　著

中国建材工业出版社

图书在版编目（CIP）数据

实用性村庄规划理论与实践/高宜程著．--北京：
中国建材工业出版社，2022.9
ISBN 978-7-5160-3571-9

Ⅰ.①实… Ⅱ.①高… Ⅲ.①乡村规划—研究—中国
Ⅳ.①TU982.29

中国版本图书馆 CIP 数据核字（2022）第 165949 号

实用性村庄规划理论与实践

Shiyongxing Cunzhuang Guihua Lilun yu Shijian

高宜程　著

出版发行：中国建材工业出版社
地　　址：北京市海淀区三里河路 11 号
邮　　编：100831
经　　销：全国各地新华书店
印　　刷：北京印刷集团有限责任公司
开　　本：787mm×1092mm　1/16
印　　张：14.25
字　　数：220 千字
版　　次：2022 年 9 月第 1 版
印　　次：2022 年 9 月第 1 次
定　　价：**168.00 元**

本社网址：www.jccbs.com，微信公众号：zgjcgycbs
请选用正版图书，采购、销售盗版图书属违法行为
版权专有，盗版必究。本社法律顾问：北京天驰君泰律师事务所，张杰律师
举报信箱：zhangjie@tiantailaw.com　举报电话：(010) 57811389
本书如有印装质量问题，由我社市场营销部负责调换，联系电话：(010) 57811387

序言

　　乡村是具有自然、社会、经济特征的地域综合体，兼具生产、生活、生态、文化等多重功能，与城镇共同构成人类活动的主要空间。我国人民日益增长的美好生活需要和不平衡不充分的发展之间的矛盾在乡村最为突出。党的十九届五中全会提出"优先发展农业农村，全面推进乡村振兴"。这是解决新时代我国社会主要矛盾、实现"两个一百年"奋斗目标和中华民族伟大复兴中国梦的必然要求，具有重大现实意义和深远历史意义。

　　乡村建设是实施乡村振兴战略的重要任务。习近平总书记强调，"要以实施乡村建设行动为抓手，改善农村人居环境，建设宜居宜业美丽乡村。"党的十八大以来，各地不断加大乡村公共基础设施建设投入，持续改善农村生产生活条件，乡村面貌发生了巨大变化。同时，我国农村部分领域发展还存在一些突出短板和薄弱环节，与农民群众日益增长的美好生活需要还有差距。中央提出实施乡村建设行动，旨在以习近平新时代中国特色社会主义思想为指导，坚持农业农村优先发展，把乡村建设摆在社会主义现代化建设的重要位置，顺应农民群众对美好生活的向往，以普惠性、基础性、兜底性民生建设为重点，强化规划引领，统筹资源要素，动员各方力量，加强农村基础设施和公共服务体系建设，建立自下而上、村民自治、农民参与的实施机制，努力让农村具备更好的生产生活条件，建设宜居宜业美丽乡村。

　　中国建设科技集团是我国建设领域各专业门类、整体实力领先的科技型中央企业，在乡村建设方面有着良好的历史传承。数十年来，几代乡村建设技术人员开展了大量的乡村建设研究和实践：20世纪70年代翻译引进西方、苏联有关技术标准规范，开展中国农房调查建设实践，有效推进了全国农村住房建设，改善了农村住房条件；80年代开展村镇建设技术研究及试点示范，村镇建设质量和面貌有了大幅度提升；90年代开展小城镇试点示范，编写国家乡村建设有关条例和标准，开展全国各地规划设计实践，为全国村镇建设事业逐步法制化、规范化做出重要贡献；新世纪以来开展新农村建设，研究全国重点镇、特色小镇等一系列试点示范工程及规范编写各类标准，并开展了全国大量典型规划设计实践工作，成为全国村镇建设领域一支不可或缺的技术力量。中国建设科技集团始终服务国家、服务行业、服务"三农"，形成了一套完整的乡村建设规划理念，构建了一套系统性的乡村建设技术体系，锻炼出一支专业齐全、素质优良的专业队伍。

中央提出，"十四五"期间，实施乡村建设行动，鼓励有条件地区编制实用性村庄规划。村庄规划是国土空间规划体系中的详细规划，研究村庄规划的实用性，对于规划落实、村庄建设发展具有引领性作用。《实用性村庄规划理论与实践》一书的作者高宜程同志是我集团乡村建设领域的新生代技术专家，在乡村建设领域有十余年实践经验积累，经常参与我国乡村建设相关调研和政府政策设计工作。本书是他工作的理论思考和规划设计实践的总结，从政策研究、技术体系、行政管理等多视角对实用性村庄规划进行深入的思考与探索，村庄规划实践案例覆盖全国各典型地区，并根据村庄不同特征开展了实用性实践探索。

实施乡村建设行动应突出规划引领，因地制宜做好实用性村庄规划。坚持县域规划建设一盘棋，明确村庄布局分类，细化分类标准，优化布局县域乡村空间，发挥村庄规划指导约束作用，确保各项建设依规有序开展。坚持因地制宜、分类指导，同地方经济发展水平相适应、同当地文化和风土人情相协调，结合农民群众实际需要，不搞"一刀切"，避免在"空心村"无效投入、造成浪费。坚持注重保护、体现特色，突出地域特色和乡村特点，保留乡村风貌，防止机械照搬城镇建设模式，打造各具特色的现代版"富春山居图"。坚持政府引导、农民参与，发挥政府在规划引导、政策支持、组织保障等方面的作用，坚持为农民而建，尊重农民意愿，保障农民物质利益和民主权利。坚持节约资源、绿色建设，树立绿色低碳理念，促进资源节约集约循环利用，推行绿色规划，实现乡村建设与自然生态环境的有机融合。这些体现了理论与实践的有机结合，而规划设计则是其中必不可少的桥梁。

本书是集团乡村建设领域的重要科研成果，期待能够为全国各地村庄规划建设提供有益指导和借鉴。

中国建设科技集团党委副书记

2022 年 9 月

前言

村庄规划与城市规划相比，在管理体系、技术体系、编制方法、内在逻辑等诸多方面存在差异。而村庄规划编制与管理在很长一段时间内都受到城市规划的影响，存在着照抄照搬城市规划模式、规划工作目标与建设需求脱节等问题，导致村庄规划不能很好地指导村庄建设与发展。从全国村庄规划的研究和实践来看，村庄规划理念也在不断更新。当前，村庄规划建设管理中，将"实用性"作为衡量村庄规划水平的一个重要方面。笔者在研究和实践过程中发现，村庄规划的实用性应该从两个方面考虑，一是村庄规划本身要接地气，符合村庄自身特性和发展诉求；二是村庄规划所处的"环境"，包括政策体系、技术体系、执行主体、资金来源等，是一个好的村庄规划能够发挥作用的前提。本书主要从村庄规划本身及其外部环境两个方面开展研究。

关于书稿内容结构，主要分为两部分。第一部分为理论篇，是笔者根据多年从事村镇规划建设研究与规划设计实践，对实用性村庄规划关键性内容的思考。第一章是在当下国家规划体系变革过程中，结合对9个省份新的村庄规划编制导则的研究，提出了新时代村庄规划发展方向。第二章是在深入研究以往村庄规划编制与实施过程中存在问题的基础上，提出以县域为单元统筹组织村庄规划的编制、管理与实施的重要意义，并从政策体系、规划体系、技术体系、资金来源、队伍体系和管理体系六个方面，提出县域实用性村庄规划技术管理体系的建议。第三章是基于当前村庄规划中村庄风貌特色规划设计中的短板，聚焦体现绿色低碳、地域特色、乡土特色、民族特色等方向性内容，提出了实用性村庄规划特色风貌营造的基本原则。第四章是聚焦村庄建设中的农房建设，也是实用性村庄规划的重点和难点，提出在实用性村庄规划中开展农房设计基本原则。第五章是聚焦全国乡村振兴背景下的城乡关系变化，提出因农业生产方式变化对城乡空间的影响，尤其是对农村聚落、生活方式、生产方式的空间组织方面的重要影响及变化趋势。

第二部分是从笔者近几年在村庄规划设计实践中选取的，在实用性的某一个或几个方面具有代表性的规划设计案例，并进行了归纳提炼。选取规划设计案例时，在条件有限的前提下，充分考虑了地域的代表性，涵盖了东部、中部、西部地区，每个项目突出特点尽量鲜明，如侧重政策衔接、突出技术手段应用、强化规划编制理念的引导、突破行政区划限制等各方面。第六章介绍了北京市门头沟区马栏村村庄规划，与传统村落保护相结合，体现了保护与发展相协调。第七章介绍北京市顺义区沮沟村村庄规划编制过程中，试图通过"共同缔造"的理念，推进"五共"，强化村民、村集体以及社会各方的参与，共同推动乡村发展。第八章是河北省宽城县花溪城周边村庄整治规划设计，是基于旅游发展推动周边乡村风貌整治与发展的典型案例，重点强调了规划设计成果的通俗易懂和可实施性。第九章是山东省临邑县县域村庄布点规划，依托县域乡村振兴战略规划，根据县域城镇化推进特点及乡村发展需要优化县域村庄布局。第十章是山东省济南市商河县孟东村美丽村居规划设计，该规划设计是省级美丽村居试点项目，既体现了鲁西北民居风貌，又与实际建设发展相结合。第十一章是广东省茂名市电白区省定贫困村示范片区整治规划设计，该规划设计打破行政区划边界，若干村组共同编制村庄发展规划，统筹考虑村庄建设发展与风貌相协调。第十二章是云南省沧源县班老乡下班老村整治规划设计，该规划设计抓住该村特殊的时代意义、红色教育、民族特色等方面特征，立意全国陆地边境示范村，体现了爱国主义教育、文化旅游发展、佤族特色展示相结合的特点。第十三章是甘肃省漳县大草滩镇新联村村庄整治规划设计，该规划设计立足典型西北民居与遮阳山景区互动发展，提升基础设施和村庄风貌，是体现地域特色的典型案例。第十四章至第十七章是县域村庄规划建设管理体系调查研究，基于住房城乡建设部委托课题调研的总结和提炼，东部、中部、西部地区分别选择一个县，对县域统筹村镇建设开展调查，并总结全国及各县的统筹村镇建设的做法及经验。

村庄发展建设是当前乡村振兴发展的重点和难点，村庄规划涉及面广、复杂性大，本书是本人研究和工作过程中对实用性村庄规划的思考和总结，难免观点肤浅或偏颇，抛砖引玉与同行进行探讨，也督促在村庄规划建设领域继续深入思考和研究。

　　值书稿付梓之时，回想这些参加的乡村规划建设工作和不断成长的经历，离不开集团和公司提供的实践机会和研究氛围，离不开领导的支持和帮助，离不开同事们的团结协作，在此一并感谢。特别感谢集团党委吕书正副书记长期在乡村振兴领域的指导，并百忙之中为书作序给予鼓励。

　　同时，本书案例章节也是在团队共同开展的规划设计项目及课题研究基础上进行的思考与提炼。在此感谢参与规划设计的团队成员裴欣、王凡、董浩、李松竹、周俊含、宋晓璐、程艺、刘玉亭等。

高宜程
2022 年 9 月

目录

第二篇 实践篇

第一篇

理 论 篇

第一章 新时代村庄规划发展方向研究

2019年5月，《中共中央 国务院关于建立国土空间规划体系并监督实施的若干意见》印发，标志着国土空间规划体系构建工作正式全面展开。为深入贯彻落实该文件，自然资源部印发了《关于全面开展国土空间规划工作的通知》，明确要求各地全面启动国土空间规划工作，并提出具体工作要求。随后，为指导国土空间规划的编制与实施，各项技术标准相继推出，双评价技术指南，用地分类标准，省级、市县级规划的编制指南等都逐步送审、试行。针对村庄规划，自然资源部发布《关于加强村庄规划促进乡村振兴的通知》，该通知结合《乡村振兴战略规划（2018—2022年）》，明确了在国土空间规划背景下村庄规划的总体要求和任务。

国土空间规划作为各类开发保护活动的基本依据，目标是形成全国国土空间开发保护"一张图"，规划编制强调自上而下的战略落实、科学合理的空间管控及规划的有效传导性和可操作性。在国土空间规划的背景下，村庄规划必然也会有与之相适应的新的定位和任务。在"五级三类"的国土空间规划体系中，村庄规划属于详细规划，需结合其上位规划——县和乡镇级国土空间规划，编制"多规合一"的实用性村庄规划。村庄规划应遵循因地制宜、分类编制、突出村民主体地位等原则，规划的主要任务包括落实生态保护红线、永久基本农田保护线，明确各项约束性指标及统筹各类用地布局等。村庄规划的最终成果需叠加到国土空间规划"一张图"上。

在此背景下，已有越来越多的基于国土空间规划背景的村庄规划理论和实践研究。其中，有些是基于某项政策对村庄规划的思路探索或某一细分领域的文献综述研究，研究角度包含国土空间规划和乡村振兴政策中的一些热点，例如多规合一、减量规划、公众参与等；另一些研究则关注于某地的实践案例或规划导则，研究地域主要有北京、广东、湖南等地。这些研究成果为国土空间规划背景下村庄规划研究提供了宝贵的信息，但因多选取的是单一角度或者单一地域而缺乏全面性和系统性。

本书选取全国9个省份最新发布的村庄规划导则为研究对象，通过横向比较分析这些导则的内容，探究当前全国范围内村庄规划的发展趋势。村庄规划导则是各地为贯彻落实中央文件、规范规划编制和实施管理工作程序，结合地方实际编写的指导性文件，内容一般涉及村庄规划从调研、编制到审批实施的全部流程，是规划编制和管理工作必须参照的技术规程。通过分析导则，可以较为全面地梳理村庄规划响应国土空间规划总体要求的具体实施路径，并且明确地识别出其中的关键性问题，以此探讨国土空间规划背景下村庄规划的发展方向。

第一节　研究方法

本书采用多案例比较分析法，识别 9 个省份村庄规划导则中的共性和差异性。笔者查询了全国 32 个省、自治区、直辖市的自然资源主管部门官方网站，2019 年 5 月—12 月，共有北京、福建、广西、河北、河南、江西、山东、四川 8 个省份发布了省级村庄规划导则。除此之外，湖南村庄规划导则发布于 2019 年 4 月，但是由于其内容符合国土空间规划的思路和要求，故也列入本次分析案例中（表 1-1）。

表 1-1　9 个省份村庄规划导则概况汇总

序号	行政区	发布时间	发布机构	文件名称
1	北京市	2019.9	北京市规划和自然资源委员会	《北京市村庄规划导则（修订版）》
2	福建省	2019.9	福建省自然资源厅	《福建省村庄规划编制指南（试行）》
3	广西壮族自治区	2019.6	广西壮族自治区自然资源厅	《广西壮族自治区村庄规划编制技术导则（试行）》
4	河北省	2019.11	河北省自然资源厅	《河北省村庄规划编制导则（试行）》
5	河南省	2019.7	河南省自然资源厅	《河南省村庄规划导则（试行）》
6	湖南省	2019.4	湖南省自然资源厅	《湖南省村庄规划编制工作指南（试行）》《湖南省村庄规划编制技术大纲（试行）》
7	江西省	2019.8	江西省自然资源厅	《江西省村庄规划编制工作指南（试行）》《江西省村庄规划编制技术指南（试行）》
8	山东省	2019.8	山东省自然资源厅	《山东省村庄规划编制导则（试行）》
9	四川省	2019.5	四川省自然资源厅	《四川省村规划编制技术导则（试行）》

资料来源：笔者根据相关导则内容整理。

作为村庄规划指导性文件，各地导则在其主体结构和涉及的主要问题上大致相同，但其章节标题设置或部分表述仍略有差异。为方便比较，笔者按照规划工作的整体流程，将各地导则内容统一按照规划基础工作、规划编制内容、编制和实施管理三个方面进行归纳，以期与未来规划实践工作更好地对接。在导则内容选择上，主要选择与中央文件总体要求相对应的方面，即国土空间规划对村庄规划总体要求的具体实施路径。

第二节　村庄规划导则解读

下面从三个大的方面对 9 个省份的村庄规划导则内容进行梳理，内容总结见表 1-2。

表 1-2　9 省份村庄规划导则内容总结

分类		规划导则内容总结
规划基础工作	明确定位统一数据	详细规划，"多规合一"的实用性规划 统一采用"三调"数据、2000 国家大地坐标系和 1985 国家高程基准
	深入调研	驻村调研 列出调研内容和程序
	分类指导	多数分为"集聚提升类、城郊融合类、特色保护类、搬迁撤并类" 个别根据地方特色增加或名称略有不同 增加"其他类"，为未来发展留出空间
规划编制内容	落实管控要求	落实"三区三线" 根据地方需要划定其他控制线 划定村域内各类控制线
	优化用地布局　用地规模	永久基本农田数量不减少，建设用地规模不增加 部分省份明确减量发展 探索"留白"
	优化用地布局　居住用地	"一户一宅"，"空心房"整治，严控宅基地规模
	优化用地布局　产业用地	一般不在农村地区安排新增工业用地 复合高效利用，引导工业向城镇产业园区集聚 北京提出对低效、低端产业用地梳理腾退
	优化用地布局　公服设施	节约用地，按需布置，鼓励复合功能 部分省份不限定最小规模
	成果提交　技术文件	Shapefile 格式，统一要求，对接国土空间数据库
	成果提交　实用成果	除技术成果外，需形成村庄实用成果

续表

分类	规划导则内容总结
编制和 实施管理	强化村民主体地位 动员社会力量，开门编规划，推广乡村规划师制度 北京、湖南提出体检评估机制

资料来源：笔者根据导则内容整理。

一、规划基础工作

1. 明确定位，统一数据

各地导则都明确了在国土空间规划体系中，乡村规划属于详细规划的定位。为实现"多规合一"和"一张图"的目标，各地导则对规划基础数据进行了统一要求，统一采用第三次全国国土调查数据作为规划现状底数和底图基础，统一采用 2000 国家大地坐标系和 1985 国家高程基准作为空间定位基础。

2. 深入调研

各地导则都对调研提出了明确且具体的要求，主要有以下几个方面：一是驻村调研，8 个省份导则对此提出了明确要求；二是对调研的内容和程序给出了详细指导。规划编制前，调研村庄社会经济、历史文化、自然环境等基本要素，进行入户调查，村民填写问卷；规划编制过程中，有针对性地对重点问题和内容进行深入调查，并根据实际情况进行多次补充调查。在此基础上，个别地方还提出了更加细化的要求。例如，湖南省导则中明确要求问卷填写比例为全村总户数的 30%～50%，并给出调查问卷内容参考；河南省导则提出驻村服务时间累计不少于 30 天。

3. 分类指导

本次查阅的 9 个省份的规划导则中，有 8 个省份提出了村庄分类发展，按照类型给出村庄规划编制中的侧重点和具体要求。具体分类方式上，多数导则按照《乡村振兴战略规划（2018—2022 年）》中的提法，分为集聚提升类、城郊融合类、特色保护类和搬迁撤并类，有的在此基础上根据自身情况进行了调整。例如广西壮族自治区地处边疆，村庄分类中增加了固边兴边类；北京市提出的分类名称略有不同，但内容基本与以上几类对应，在此四类的基础上，还结合自身特点，提出了浅山区村庄、第二道绿隔地区村庄的发展引导；另外，有 4 个省份导则在分类中加入了"其他类"，对于暂时看不准、发展前景不明确的村庄，暂不分类，列为其他类，为村庄未来发展留出空间。

二、规划编制内容

1. 落实管控要求

本次分析的 9 个省份的规划导则都将落实上位国土空间规划的管控指标作为首要要求。村庄规划应以上级国土空间规划的资源环境承载力和国土空间开发适宜性评价为基础，落实上位国土空间规划中确定的"三区三线"，明确刚性管控的边界，针对不同的管控区域提出保护和控制要求，为村庄可持续发展提供基本保障。

在严格遵守"三区三线"的基础上，各地还制定了更多切合地方实际的管控措施。例如福建省导则提出需遵守海域管控线的管控要求，北京市导则提出按照集中建设区、限制建设区和生态控制区对村庄进行控制引导。北京、河北、河南等地还提出了村域内划定建设用地控制线、水体保护控制线、历史文化保护控制线等各类管控线，引导村庄有序发展。

2. 优化用地布局

在用地规模方面，"建设用地规模不增加"是各地导则的主导方向，有 6 个省份导则都以不同的方式对此进行了表述。北京、福建、湖南导则中还提出了减量的要求。总结各地导则，主要有以下实施路径：居住用地方面，落实"一户一宅"政策，整治"空心房"。产业用地方面，不鼓励在农村地区新增工业用地，引导工业向县、镇等产业园区集聚，鼓励产业用地复合高效利用。北京市导则更将集体产业用地的腾退集约作为村庄建设用地减量的重点。公共服务设施方面，多数设施并未限定最小规模，提倡量力而行，鼓励复合多种功能集中设置。

另外，7 个省份导则提出了在规划中鼓励探索"留白"机制，对于一时难以明确具体用途的建设用地，可暂不明确规划用地性质，为未来发展预留一定的机动指标和空间。

3. 统一成果要求

导则从技术和实用两方面对规划成果提出了要求。技术方面，为对接国土空间规划"一张图"数据库，村庄规划成果需按统一的用地分类标准，提交 Shapefile 格式文件。实用方面，为便于村民学习和执行、村委有效指导和实施，有 5 个省份导则提出除技术审查成果外，还需单独形成面向村民的村庄实用版成果，内容包括主要图纸和管控内容。

三、编制和实施管理

1. 强化村民主体地位

本次查阅的 9 个省份规划导则在规划编制原则中都强调了尊重村民主体地位，鼓励村民全程参与规划编制。具体来说，规划调研和编制过程中，规划师需要驻村，深入了解村庄实际情况和村民真实需求。规划成果需征集村民意见，提交成果时，村民意见征集材料、村民参与村庄规划相关记录材料等需形成附件一并提交。为了规划成果能够切实落实和执行，从便于村民理解的角度出发，需将村庄规划中的管制规则纳入村规民约，成为村民共同遵守的行为规范。

2. 建立各方参与机制

5 个省份的规划导则提出了"开门编规划"的理念。村庄规划需多方参与，实现共谋、共建、共管、共评、共享。区镇政府组织领导，村党组织发挥核心引领作用，村民发挥主体作用，规划编制人员负责技术指导，形成以村民为主体，规划师、政府、企业、社会组织、大专院校、建筑师、热爱乡村事业的有识之士共同参与协作式规划编制工作机制。

3. 实现动态管理

本次查阅的导则中，北京市规划导则和湖南省导则都提出了"体检和评估"的要求。北京市导则要求试点先行先试，及时总结评估，积累总结经验，逐步推进全市村庄规划的编制工作。湖南省导则提出"一年一体检，重要节点一评估"，及时跟踪规划实施情况。

第三节　当前我国村庄规划的发展方向

前面梳理了 9 个省份村庄规划导则的重点内容，对其进行分析和总结可以看到，在国土空间规划背景下，我国新一轮村庄规划有如下发展方向。

一、多规合一，对接国土空间规划一张图

村庄规划作为国土空间规划体系的组成部分，其成果必然需要

叠加到国土空间规划"一张图"上。首先，在规划工作开始之前，对现有的村庄规划、土地利用规划及林业等专项规划进行整合，叠加各类图纸要素，识别并协调矛盾地块，形成符合实际且格式符合要求的基础数据底图。其次，规划内容需衔接并落实上位国土空间规划给定的管控范围和指标，在此基础上开展村庄的土地利用和空间布局规划，用地分类需按统一标准进行。最后，规划成果按照统一格式提交，确保对接"一张图"数据库。

二、分类发展，多路径实现乡村振兴

按照《乡村振兴战略规划（2018—2022年）》的要求，要顺应村庄发展规律和演变趋势，根据不同村庄的发展现状、区位条件、资源禀赋等，分类推进乡村振兴。我国地域辽阔，乡村数量庞大，这些乡村所处的区域、经济、文化和生态等特点不同，其发展路径也必然不同。因此，深入研究不同乡村的具体情况，甄别不同类型乡村的发展诉求和目标，才能够给出科学的规划引导。对于不同类型的村庄，村庄规划不搞"一刀切"，不需大而全，而是要针对各自特点，明确其规划的侧重点，以现实问题为导向，制定合理的发展道路，提出切实可行的村庄规划方案。

三、刚性弹性结合，确保规划合理有效

国土空间规划作为长期规划，需形成完整的规划体系和有效的传导机制，通过管控性边界和约束性指标自上而下地进行有效传导，这些在村庄规划中作为刚性要求必须落实。在管控性边界方面，严守"三区三线"、划定村庄内各类用地控制线是村庄规划的刚性要求。划定生态保护红线、基本农田保护红线、历史文化保护红线等管控底线，并提出生态修复、农田优化的任务要求以及历史文化遗存的保护要求。在约束性指标方面，各地导则都强调严格控制用地规模。严格遵守上位国土空间规划确定的用地规模，确保耕地保有量不减少、建设用地规模不增加。在此基础上，北京、福建、湖南导则中还提出了减量的要求，这也是本轮村庄规划的一个重要发展趋势。

刚性管控体现了规划的严肃性和权威性，同时，考虑到可能出现的对趋势判断不准确、对实际需求估计和考虑不足等问题，避免在实施中出现矛盾，村庄规划中还需要弹性引导。在落实刚性用地指标的同时，各地导则都给出了一定量的"留白"指标，允许一部

分的建设用地暂不明确用地性质，随着村庄发展，方向明确后再确定。同理，在村庄分类引导方面，多地提出了"其他类"，对一时看不准或定位不明确的村庄，暂不分类，避免盲目下结论。在规划实施方面，导则中提出了体检和评估机制，按阶段对实施效果进行评估，评估成果作为下一步规划实施和调整的依据，变静态规划为动态规划。弹性引导机制为规划预留了调整空间，使村庄规划能够更切合实际，也更利于实施。

四、村民主体，全程服务保障规划实施

各地规划导则中不仅关注了村庄规划的编制内容，对编制过程和实施管理也提出了相关要求，村庄规划由成果导向转变为成果和过程并重。导则中强调了规划编制过程中村民主体地位的体现和多方共同参与工作机制的形成，而规划师的任务也由成果编制转变为全过程服务。

村民为主体、多方共同参与的工作机制符合我国村庄的基本特征，也有利于形成真正符合村庄实际的规划成果，便于规划成果真正落地实施。我国农村基层自治的治理制度和土地集体所有的经济属性，决定了村庄空间资源分配和公共事务由村民集体决定；而村庄的建设和发展又涉及多元的利益主体，包括政府、村委会、村民、社会资本等，因此村域资源要素配置往往是多方利益主体共同博弈决策的结果。村庄规划需要协调各方利益，得出最优配置，而真正符合各方利益的规划方案也容易激发各方成员的主观能动性，有助于规划落地实施。

这就要求在村庄规划的全过程中落实公众参与机制，保证规划师与村民有效互动。规划前期，规划师进行驻村调研，详细了解村庄的基本情况和村民诉求，与村委会、村民充分沟通村庄发展思路。规划编制的过程，也不只是规划师按照规范编制规划条文，而是多方主体共同参与的互动过程。在这一过程中，乡镇政府、村委会起到组织协调作用，整合多方资源，鼓励企业、高校等各种社会力量参与村庄规划；规划师驻村编规划，切实了解各方需求，通过村民代表会、乡贤座谈会、入户访谈等方式让村民有意愿也有途径充分表达自己的想法，并将民意整合，达成共识。规划成果需经过听证会、公示、村民投票等环节再次征询村民意见，确保规划成果代表村民意愿。规划批准后，相关管控措施列入村规民约，成为村民自觉遵守的行为规范。整个规划编制和实施的过程中规划师和村民、村委会始终

保持紧密的互动与联系，通过互动交流增加了多元主体间的熟悉度，也增加了村民对规划内容的认同感和使命感。村民会以更积极的姿态配合规划的实施，村委会也将逐渐形成一套行之有效的规划管理方法和体系，确保村庄规划在各方的支持下能够顺利实施。

五、因地施策，探索个性化编制路径

本书选取了 9 个省份的规划导则进行横向比较，我们可以看到，在多数方面，各地的导则在内容和趋势上具有高度的相似性，都按照中央相关文件的要求制定了具体的实施措施。同时，我们也看到，各地的导则也根据自身实际情况对部分内容进行了细化和创新。例如，在村庄分类引导的部分，北京、广西、河南等地都根据自身情况对分类做出调整；在土地利用的要求上，各地根据实际情况制定了"建设用地不增加"或者"规模减量"的具体目标；在实施管理方面，也有地方提出了体检评估等具体措施。

本书在比较的多个导则中，《北京市村庄规划导则》从整体结构到具体实施策略都更有自身特色且更加具体。《北京城市总体规划（2016 年—2035 年）》于 2017 年获得批复，即成为村庄规划的上位国土空间规划，对城市整体发展方向和具体发展策略方面都有明确的指导，因此北京市村庄规划导则在编制时也就有了更加具体的依据。北京市村庄规划导则中提出的浅山区村庄和第二道绿隔地区村庄的发展引导、"两线三区"划定、集体建设用地腾退等具体措施，都是根据总规的指导性要求制定的。据此建议其他还未推出村庄规划导则的省区市，能够结合自身情况，结合上位国土空间规划的编制进度，编制更符合地方特色、指导要求更加细化的村庄规划导则，探索更符合地方实际需求的个性化的村庄规划编制路径，使村庄规划编制工作能够更加顺利地进行，规划能够更好地落地实施。

第四节 结语

通过对 9 个省份规划导则的比较分析可以看出，在国土空间规划背景下，我国村庄规划有五个新的发展方向：①多规合一，村庄规划对接国土空间规划"一张图"；②分类引导村庄发展，按需规划，多路径实现乡村振兴；③规划中严守刚性管控底线、严控用地规模的同时适当留出弹性空间，确保规划有效传导且灵活合理；④村庄规划过程中强化村民主体地位，规划师全过程服务，确保规划

符合村民需求，有效落地实施；⑤一些地方也结合自身特征探索更具个性化也更实用的村庄规划编制和实施路径。需要指出的是，本书仅选取了 9 个省份的村庄规划导则，未来更多的省、自治区、直辖市会发布各自的村庄规划导则，同时本研究也并未涵盖地级市等其他行政级别的村庄规划导则，这些案例可能会呈现出不同于本研究发现的复杂性与矛盾性，这些有待于进一步研究补充。

第二章 县域实用性村庄规划技术管理体系

图 2-1 新时代国土
空间规划体系（来
源：笔者自绘）

村庄规划是我国国土空间规划"五级三类"体系中的详细规划，也是规划实施的最前端，从政策和技术层面强化村庄规划实用性，对于村庄建设发展具有重要意义（图 2-1）。

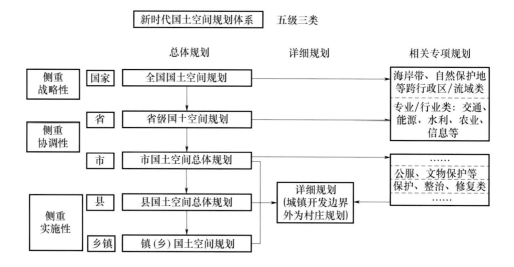

村庄规划建设既是乡村振兴战略的重要内容和应有之义，又是实现解决"三农"问题、推动城乡协调发展的重要手段。随着我国乡村振兴战略的深入推进，村庄规划建设将成为乡村振兴的重中之重，村庄建设和发展的动力及诉求将进一步加大。在此过程中，村庄规划将进一步发挥重要的指导性作用。2019 年 5 月 29 日自然资源部办公厅印发《关于加强村庄规划促进乡村振兴的通知》，提出"有条件、有需求的村庄应编尽编，切实加强村庄规划编制工作。长期以来，村庄规划的政策引导、规划编制、实施管理存在诸多问题，影响其对村庄建设发展的指导性。其中村庄规划的"实用性"成为研究和实践过程中的重要课题。自然资源部办公厅发布的《关于加强村庄规划促进乡村振兴的通知》强调，"编制'多规合一'的实用性村庄规划""因地制宜，分类编制，编制能用、管用、好用的实用性村庄规划""内容深度详略得当，不贪大求全""可以分步编制、分步报批，各地可结合实际，合理划分村庄类型，探索符合地方实际的规划方法"，对编制实用性村庄规划，从村庄规划内容本身提出了一些原则性要求。自然资源部办公厅发布的《关于进一步做好村庄规划工作的意见》提出，"避免脱离实际追求村庄规划全覆盖"，对村庄规划编制管理提出了原则性要求。

学者对实用性村庄规划的研究主要集中在村庄规划本身。白正盛提出了实用性村庄规划的特征与内涵，认为村庄规划要简化成果，抓住主要问题，突出实用性，分类编制村庄规划成果。赵晖提出实用性村庄规划的"ABC 模式"，认为村庄应该根据实际需求分类编制有关内容。梅林耀等在开展住房城乡建设部村庄规划试点项目中，也强调了村庄规划要"好编、好懂、好用"。徐娜、刘方从政府管理、集体实施、村民使用角度分析了实用性村庄规划要重点突出便于管理、通俗易懂、便于理解。李保华着重对实用性村庄规划的困境深入分析，提出村庄规划本身增加实用性的方法。菅泓博等对农村问题的现实性和复杂性，对村庄规划的影响进行论述，强调一般村庄规划不实用的深层次原因，提出要从政策设计及规划的刚性管控与弹性管理结合方面，充分考虑乡村的现实问题等观点。

从现行政策推进进度和学者研究进展来看，当前实用性村庄规划研究主要关注村庄规划内容编制本身，对实用性村庄规划提出了原则性要求。对村庄规划实施所需要的技术管理体系探讨多从理念层面进行了探讨，而对基于提高村庄规划实用性的管理体制研究则较少。笔者认为，村庄规划是村庄建设和发展的"工作方案"，村庄规划与村庄建设发展适用与否，一方面与村庄规划本身有重要关系，另一方面村庄规划的技术管理体系也起到重要作用。跳出"村庄规划"本身，从行政管理和技术管理体系角度探讨村庄规划实用性，对于推进村庄规划建设具有重要现实意义。本书在对村庄规划技术管理体系存在的问题深入思考的基础上，探究实用性村庄规划的本质及其所需要的管理体系。同时基于现行村庄规划行政管理体制，对构建实用性村庄规划技术管理体系提出探索性路径。

第一节　问题的提出

一、村庄规划的政策管理体系缺位

有效的政策管理体系对于村庄规划的编制及实施具有重要的保

障作用。长期以来，村庄规划建设领域缺乏必要的稳定的行政管理机构和政策体系，村庄规划建设内容多以政府试点或者中央专项的方式开展，对整体的村庄规划建设管理指导意义不大。村庄规划缺乏必要的上位规划协调，独立成完整体系，与实际建设需求和管理体制脱节。缺乏必要的行政和技术管理队伍，虽然明确了相关部门职责，但实际上难以形成有效管理，乡村地域广阔，监管难度较大，违法建设频发。国家和社会资本在"三农"领域的投资逐步增加，大量投资都需要村镇规划给予有效协调，但村庄建设的资金和项目来源广泛，且额度较小，多属于专项资金，投入具有很强的方向性，有中央政府、省级政府投入，从建设、水利、农业、交通等不同部门投入，也有社会捐赠、村集体投入，还有村民自筹、村民自建等。各种投入为了推进自己的项目尽快落地、完成考核，就会和其他项目产生冲突。如村内道路刚修好，污水管网资金到了，要求把路扒开，铺设管线；村民房屋刚贴完瓷砖、安装防盗网，政府就要统一建筑风貌，要求换成墙漆、安装塑钢门窗，造成浪费，甚至发生冲突。

二、照搬城市规划的表达方式

村庄规划成果内容上，多数村庄规划注重规划体系的完整性，轻视各种要素的空间发展规律。如产业发展的空间尺度很难在一个村庄内组织，公共设施布局、道路建设、生态环境保护等需要上一级统筹协调；建设资金投入上，需要上级各政府部门、村集体、村民及社会投入等共同组成；决策上，既要尊重村民、村集体意愿，又要协调投入相关方意见。但为了村庄规划成果的"完整性"，忽视了村庄建设发展的客观规律，以及村民自治的乡村管理体制，片面地照搬了城市规划的表达方式，往往呈现出大拆大建，注重整体形象、突出建设效果的村庄规划成果，而忽视了村庄规划本质上属于基于存量建设发展的更新类的规划本质。对农村各项建设和发展客观规律研究不够，模仿城市独立开展规划的模式，以单个村庄为单元编制规划，形成了"小而全"的规划单元，导致大量的投资重复和浪费。

三、村庄规划工作目标与建设需求脱节

有些地方错误地认为加强村庄规划建设，"应编尽编"就是要"全覆盖"，错误地理解中央、上级意图，超出自身财政能力、技术

力量及后续实施的能力，把全覆盖编制村庄规划当成一项工作，不考虑规划是建设的指导性文件，导致后续难以实施。在村庄规划编制过程中也出现了诸多问题，如因规划编制费用投入不足、技术力量少、规划设计质量低，仅仅能完成形式上的成果要求，对村庄建设发展缺乏必要的指导作用。地方财政能力有限，即使有了规划，也难以实施。部分地方全面铺开开展各类规划，县级开展村庄布局规划，镇级也开展村庄布局规划，每个村又都有自己的村庄规划，甚至有些村有村庄规划、建设规划、传统村落保护规划、旅游规划、美丽宜居规划等若干规划。

村庄规划设定的目标及规划方案普遍偏高。如一般会有村庄产业发展规划，设置诸多农业产业和非农产业发展目标，策划诸多"三产融合"产业项目，但就村庄空间尺度范围内而言，并不具备除种植业以外的产业发展所需要的完整要素，产业项目发展的偶然性大、抗风险能力差，因此规划目标往往不切实际。规划方案不考虑资金筹措、产权关系、补偿机制等因素，对村庄原有布局优化调整，对住宅、基础设施等改动过大，脱离实际，造成后续难以实施等问题。

四、缺乏必要的技术与管理队伍

做好村庄规划建设管理工作，需要必要的技术和管理队伍体系。首先，乡镇和村庄缺乏专职的村镇建设管理人员。乡镇政府下属规划管理部门一般为村镇规划管理科，需要对接县规划局、住房和城乡建设局、交通运输局等多个管理机构的日常工作。即使在配备有专职城乡规划建设管理工作人员的乡镇，由于相对较低的报酬和艰苦的工作生活条件，往往难以吸引专业规划技术人才就职。相比乡村地区巨大的规划管理需求，村镇规划管理力量薄弱的问题非常突出。其次，从村庄规划设计方面来看，村庄规划编制没有形成较大规模市场，规划设计人员多是城市规划师，对农村了解甚少，难免带着城市设计的思维和设计方法编制村庄规划。最后，当前农村工匠缺失，从事村庄建设的施工队伍一般为长期从事城市建设的施工队，对村庄建设的技术、工艺等不甚了解，也难以做出具有村庄特色的建设成果。

五、村庄规划实施主体不明确

由于村庄建设资金来源的多元化，导致村庄规划建设实施过程中实施主体模糊，往往资金相关方为了完成任务，主导资金的使用和建设工作实施。因此所谓的村集体和村民作为实施主体，难以得到有效落实，各项村庄建设工作难以做到有效协调，造成重复建设、浪费等现象，致使本就缺乏必要资金保障的村庄规划建设工作难以形成明确统一的推进思路。

第二节　实用性村庄规划建设管理基本逻辑

村庄规划本身不是一项独立的"工作"，而是一个基于村庄外部环境和现实基础的建设和发展的"工作方案"。评价方案好不好，不仅在于方案立意是否高远、逻辑是否清晰、体系是否完整，更在于该方案是否符合村庄建设实际、是否有利于村庄建设发展的推进实施。制定"工作方案"要有实施的主体、实施机制。就村庄建设和发展特点而言，基于实用性考虑，需要考虑以下六个方面（表 2-1）。

表 2-1　实用性村庄规划管理体系关注重点

序号	关注重点	内容
1	规划方向	避免村庄过度建设、重复建设，要有上位规划和有关政策的统筹确定村庄发展方向，并进行引导
2	实施主体	根据村庄规划中不同项目及相关资金政策要求，明确实施主体
3	实施成本	落实村庄全覆盖，又要统筹考虑资金使用，应将村庄规划分类引导实施。该做的做好，不该做的不做。该花的一分不省，不该花的一分不掏
4	资金来源	基于村庄规划建设特点，广泛拓宽规划建设资金来源
5	技术力量	系统构建村庄规划队伍、建设队伍、管理队伍
6	管理机制	充分利用现有体制机制，创新解决村庄规划建设管理机制

基于我国现行管理体制和规划技术管理体制，构建实用性村庄规划管理体系，需要重点考虑以下五个方面。

一、县域统筹协调推进，建立技术体系与管理体系

要以县为重要空间单元，强化县域技术体系及管理体系对村庄规划的落地实施效力。县级行政单位是我国相对独立和稳定的推进

具体工作的行政单元，从县域层面统筹推进村庄规划能够有效协调行政资源、财政支持及技术管理等各方面。县城是衔接城乡的重要环节，也能够有效推进新型城镇化和乡村振兴衔接。县域统筹村镇建设工作，能够统筹城乡资源，推进公共设施区域布局，基础设施共建共享，节约成本避免浪费。县城是乡村产业链的主体，以县域为单元，能够有效地推进县域村庄的建设和发展。上述优点是以单个村庄为单元或者以乡镇为单元进行统筹推进所不具备的。

二、村庄规划要分类、差异化管理

村庄从规模上、发展机制上都不同于城市，村庄规模较小，经过长期发展形成，一般缺少独立发展的动力机制。因此，将单个村庄作为完整体系进行规划，难免造成无法与村庄规划发展机制相契合、不符合村庄发展实际需求等问题。采取分类管理和差异化管理，能够有效加强村庄规划的实用性。首先，从县域层面进行村庄分类，重点可以考虑县域乡村地域特征、乡村产业发展特征、人口规模特征、重要交通线联系等对村庄发展的影响，对村庄进行分类。其次，个性化内容可单独编制规划，如传统村落、旅游村庄等。最后，有些有区域共性的，可以若干村庄共同编制集中连片规划，如同一地形地貌特征的片区、同一产业发展类型片区等，既能够节省规划成本，又能提高后续建设发展效率。

三、村庄规划建设内容统一性与个性化协调

为切实节约规划建设成本，可采取统一性与个性化协调的原则，统一项目全覆盖、个性项目单独设计。首先，可以从县域层面解决村庄建设发展一般性问题，如农房建设高度、面积控制要求，村庄道路建设要求，农村景观风貌塑造等，可以标准化的内容，可通过建设技术导则的形式加以引导。公共设施、基础设施也可通过示范图集方式进行引导。没有个性化规划设计需求的村庄，可以根据导则及图集进行建设；有个性化规划设计需求的村庄，可在规划导则和图集引导的基础上，再编制村庄规划设计。

四、注重资金使用效率，体现经济性原则

村庄规划强调实用性特点的根本原因是我国村庄量大面广，虽整体建设需求量大，但单个村庄建设需求量小。从中央到地方涉农资金量虽然不低，但到单个村庄建设资金非常有限，且从不同管理

部门及社会渠道而来，资金使用具有不同的方向性规定，对于统筹推进村庄建设有诸多限制。基于此特点，村庄规划必须与涉农资金使用相衔接，体现经济性原则。

五、规划建设与管理并重，强化可实施性

村庄规划实用性的一个重要方面是可实施性。可实施性需要村庄规划及管理满足以下三个特点：一是必须任务明确，可以落实到具体建设项目；二是有专业的队伍进行推进，包括懂村庄的规划设计人员、懂农村的建筑工匠、懂农村管理的行政人员队伍；三是要有必要的管理机制保障，包括技术体系、行政审批、监督检查等各方面。浙江省安吉县美丽乡村建设推进得好，与完备的政策、技术、规划、队伍、资金和管理体系不无关系。

第三节　县域实用性村庄规划技术管理体系实施路径

一、县域村庄规划政策体系

县域层面建立村庄规划政策体系，明确县域统筹的村庄规划发展方向，根据村庄实际情况，确定分类管控要求与标准，引导村庄进行分类，不同类型村庄采取不同规划模式，避免千篇一律。明确与国土空间规划、乡村振兴战略规划及产业发展、城市建设、生态环保等各方面规划与政策衔接，落实土地指标、农房建设、公共服务设施、基础设施建设、防灾减灾等规划刚性要求，提出产业发展、乡村风貌、社会治理等方面的规划弹性引导。建立县域统筹的村庄规划协调机制、建立村庄规划建设的动态管理机制，并确定村庄规划建设的经费保障等有关内容。具体操作过程中，可以研究制定县域村庄规划导则等文件。

二、县域村庄规划建设技术体系

为引导村庄规划编制与建设进行，县域层面研究编制村庄规划建设技术体系。明确村庄规划建设的基本原则和总体目标，提出村内违法建设拆除技术要求，村容村貌治理技术要求，农村垃圾治理、污水收集与处理技术要求，公共厕所建设要求，村庄绿化美化技术要求，道路与停车场建设、公共设施与基础设施建设、农房质量和

风貌、传统村落保护技术要求等。具体操作过程中，可根据需求，编制村庄规划建设技术导则、技术指南等相应文件。

三、县域多层次村庄规划体系

村庄规划体系包括一系列与村庄有关的规划类型。县域村庄布局与建设规划，主要确定村庄分类与布局、区域协调建设内容、确定统一建设内容等。县域或片区乡村发展规划，根据实际需要确定规划范围及涵盖村庄，针对某一方面或几方面内容，开展规划研究。如乡村产业发展规划、生态保护规划，乡村振兴示范片，某一相对独立的地理单元整体村庄规划等。单个的村庄规划，包括村庄建设规划、传统村落保护规划、美丽宜居示范村规划等。乡村专项规划，如县域或片区道路交通规划、县域农村污水治理专项规划等。

四、村庄规划技术和管理队伍建设

培养一支懂农业、爱农村、爱农民的"三农"工作队伍，是乡村振兴战略的重要保障。就村庄规划和实施而言，懂农村的规划专业技术和管理队伍是推进村庄规划与实施的重要保障。当前，村庄规划技术人员大多主要从事城市规划，对农村了解甚少，规划过程中难免带有城市规划倾向，与农村建设发展不匹配。懂农村建设的农村建筑工匠也是村庄规划实施推进的重要保障，应着力构建一支农村建筑工匠为主体的农村建设施工队伍。基于现行城乡建设管理体系，构建县、乡镇、村行政管理队伍体系，有效管理村庄规划及建设各项内容。同时，依托村民自治体系，培养村庄内部的规划技术和管理队伍。

五、多方筹措村庄规划建设资金

不同于城市建设资金有稳定的机制和来源保障，村庄规划建设资金相对缺乏必要的机制保障，来源相对比较多元。主要为上级拨款，包括县级财政投入、中央和省级各部门专项建设资金投入，还有社会资本投入，社会和个人捐赠，村集体、村民自筹等。因此，要针对村庄规划建设资金来源特性，根据村庄现有情况，广泛"开源节流"，多渠道多方筹措村庄规划建设资金，结合乡村产业发展，建立稳定持续的村庄建设投入机制，并通过实用性村庄规划落实好相关资金使用。

六、构建县域村庄规划建设管理体系

县域统筹推进建设村庄规划建设管理体系。构建统筹协调村庄规划建设的管理机构，统筹推进城乡统一的土地要素市场构建，综合协调乡村建设与城镇化建设推进，有效推进集体经营性建设用地入市，构建有稳定投入机制的村庄规划建设模式。协调农村片区化综合开发建设。构建统一的农村建设用地审批制度与管理体系、农村房屋建设与审批制度。构建农村各项工程规划建设和施工管理机制。利用现行机制，建立技术管理部门、技术专家、审计部门、人大、政协等共同组成的监督管理机制。

第四节　结论与讨论

开展村庄规划工作，必须要考虑村庄的共同性，又要考虑其差异性，基于现行管理体制，统筹考虑有限的技术力量、经济水平和村庄建设发展现实需求等因素，构建适合当前村庄建设发展需求的经济管理技术体系。既要有统一部分，统一基本建设内容，有效节约成本，推进村庄建设进度，又要考虑差异性，塑造具有特色的乡村风貌，推动乡村产业经济发展。本书基于笔者对村庄规划及管理实践和对实用性村庄规划的理解，初步设想构建了政策体系、技术体系、规划体系、技术队伍体系、建设资金体系和管理体系六方面的村庄规划建设管理体系，着重强调从行政及技术管理层面强化村庄规划的实用性，是对实用性村庄规划编制与实施在管理层面的一点探讨。

第三章 实用性村庄规划特色风貌营造

随着乡村振兴战略的深入实施，村庄规划设计成为引领村庄建设发展的重要抓手。村庄规划设计和实施过程中，如何结合自然生态环境，如何体现乡村风貌特色、地域风貌特色，塑造适合农村的建筑风貌特色，让乡村更乡村，成为村庄规划设计的方向性问题。通过实践和经验总结，提出了村庄风貌设计遵循的八项基本原则。

第一节 秉持生态优先理念，尊重村庄自然环境

一、生态基底

自然环境是村庄发展存在的生态基底，村庄规划应着力保护生态资源。在深入研究村域生态资源条件的基础上，落实生态控制线、基本农田保护线等管控要求，明确自然山体、水系、湿地、耕地等自然资源保护与利用的综合目标、要求和措施，保护生态资源。应强调对耕地、农林用地、河湖水系等重要资源及生态环境的保护；尊重并合理利用地形地貌、树林植被、河流湖塘等自然景观，体现乡土特色、地域特色和村庄生态环境基底（图 3-1）。对于有破坏的或脆弱的生态本底，应着力做好生态修复与保护，实现村庄特色的延续和可持续发展。

图 3-1 村庄生态环境基底

二、村内绿化

村庄内部绿化应尽量选取本地植被物种，倡导利用林果、蔬菜田园丰富村庄内部及周边的绿化景观层次，塑造乡土特色乡野景观。村内广场、限制用地尽量采取景观绿化丰富村内绿化层次（图3-2），房前屋后采取以果蔬种植为特色的乡土绿化景观（图3-3），形成有别于城市、既能够增加绿化又能够产生一定经济价值的村庄景观风貌。

图 3-2 村庄街角绿化

图 3-3 门前道路绿化

三、庭院绿化

引导村民增加庭院绿化，充分利用庭院空间，增加林果、蔬菜种植及反映乡土特色的绿化景观。选取适应农村精神文明发展需求的、富有吉祥寓意和生产生活需求的植被和绿化（图3-4）。

图 3-4　庭院内部绿化

第二节　强化村庄空间结构，延续村庄空间肌理

村庄肌理作为村庄保护历史文化特色、焕发村庄内在活力、保持地区个性的重要依据，是控制村庄空间结构演变的重要方式，应重点考虑村庄道路格局、建筑布局和重要节点三个方面。

一、道路格局

村庄道路系统作为村庄空间的骨架，对村庄的空间布局、发展方向起着重要作用。首先要尊重村庄现有道路格局，避免大拆大建，避免宽马路和大广场。村庄建设要尊重原有村庄道路形态，不破坏村庄空间结构。对于传统村落，要保持对原有道路格局的保护。开展村庄建设，道路建设要考虑到村庄主干路和街巷间的关系，做到宽窄相宜，体现村庄特色（图 3-5、图 3-6）。适应国家新时代的要求，合理设置村庄停车位等交通设施。

二、建筑布局

建筑布局是体现村庄整体风貌特色的重要内容，规划中应顺应地形地貌特征，尊重原有村庄肌理，随形就势，灵活布局。既体现村落与自然环境融合，又要使新建建筑与原有建筑和谐共存。要保留原有村庄的基本格局，尊重地形地貌特征，营造多层次的乡村建筑景观风貌。建筑布局要考虑村民生活习惯、民族习惯、民俗特征等因素，体现乡土、地域、民族特色。

图 3-5 村庄主要道路

图 3-6 村庄街巷

三、重要节点

重点关注对村庄公共空间等重要节点的塑造，突出地方特色，体现村庄本土文化。如村庄入口（图 3-7）、广场、主要街巷等公共活动场所和标志性场所，应塑造尺度适应的乡村公共空间，不建大广场，鼓励对广场、打谷场、戏台等公共空间的综合利用，既节约土地资源，又体现农村特色，尊重习俗文化和生产生活习惯，塑造紧凑、丰富的公共空间体系。

图 3-7　村庄入口

第三节　统一整体风貌，营造协调村庄环境

一、建筑风格

根据村庄的分类及定位确定建筑风格，在建设和修缮过程中，提取建筑装饰主题，保留传统村居特征，强化村庄建筑特色，塑造具有典型特色的村庄建筑风格。针对传统风貌建筑、更新改造建筑、新建建筑的风貌应注重差异化和协调性引导。既做到保护传承，又能够提升居住功能，做到风格和功能上的协调统一。

二、建筑高度

对村庄新建和改造的建筑进行建筑高度、层数引导和管控，中国历史文化名村和传统村落应根据保护规划对建筑高度进行控制，建筑高度应与保留的村庄院落建筑相协调，塑造具有村庄特色的整体景观风貌。

三、建筑色彩

塑造乡土特色的村庄建筑色彩。做到屋顶形式和色彩的协调统一。引导新建建筑优先选用当地建材，延续原有建筑色彩。墙体彩绘、标语要积极、健康，体现正能量，兼具审美特征，体现乡土特色（图3-8）。采用增加装饰线、花饰等手法美化建筑屋顶，宜采用

图 3-8 建筑色彩指引示意图

具有乡土特色的当地建筑材料，根据地域特色选用面饰材料，门窗宜采用传统的样式或装饰，阳台宜保留或采用具有地域特色的栏杆及构件。

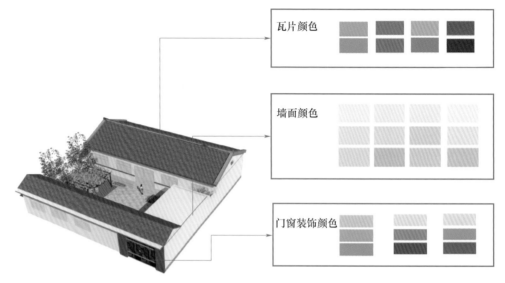

四、景观小品

村庄景观小品应结合村庄文化特色进行设计，可利用乡土特色的元素，设计与村庄整体风貌相协调的道路花坛、文化长廊等（图 3-9、图 3-10），塑造"自然质朴、田园乡土"的乡村空间环境景观小品。

图 3-9 村庄道路花坛

图 3-10　村庄文化长廊

第四节　挖掘地域乡土元素，塑造独特村庄特色

一、地域特色

村庄风貌应反映地域特色，村庄建筑设计应尊重当地建筑形式，体现与地域气候特征、人文特征相适应的功能特征。民居风格应与地域建筑风格和村庄传统历史建筑风格相协调（图 3-11、图 3-12），强化村庄地域文化元素符号，少数民族聚集地应充分考虑当地的民族风俗等。

图 3-11　陕西西安南堡寨村民居

图 3-12 浙江安吉
县民居

二、乡土特色

应充分挖掘村庄的形态特征、田园风光、坑塘水系等自然环境特征，保护村庄乡土特色风貌。尊重地方文脉、民风民俗，展现乡土文化特色（图 3-13）。应通过栽本地树、种本地草、使用当地建筑材料等方式塑造乡土特色，凸显具有乡土特色村庄景观风貌（图 3-14）。

图 3-13 陕西西安
南堡寨村公共建筑

图 3-14　陕西西安皇甫村街道景观

三、传统特色

注重保护、挖掘和传承村庄的自然、历史、文化、民俗等特色资源和优秀传统建筑（图 3-15、图 3-16）。提取村庄文化元素，突出村庄传统特色，鼓励使用农村工匠，通过传统建造工艺，塑造具有传统特色的村庄建筑。

图 3-15　村庄民俗博物馆

图 3-16　村庄历史
建筑

第五节　调动多方积极参与，实现共同缔造

一、尊重村民意愿，激发村民参与热情

充分尊重村民意愿，通过各种方式吸引村民参与规划建设全过程，调动村民参与积极性，激发村民的愿景力和行动力。引导村民积极参与村庄风貌建设。

二、共同缔造，发挥村民主体作用

在村庄规划中，开展共同缔造活动，要明确村庄发展方向，统一思想凝聚人心。着力构建共同缔造组织体系，突出村民主体地位，动员社会力量参与，深度参与村庄规划实践，规划师全过程服务，强化规划设计引导。产业发展内外兼修，壮大村集体经济增强村庄发展活力。建立"村民设计、村民建设、村民使用"的机制，塑造村民为主体的村庄建设风貌。

三、多方参与

建立机制引导社会多方参与，构建政府部门、村集体、村民、社会力量、规划师等共同参与村庄规划设计的机制，共同塑造具有传统特色的景观风貌。

第六节　坚持经济适用原则，节约村庄建设成本

坚持经济适用原则，全面落实节地、节材、节能、节水和环境保护等要求，切实改变盲目贪大求洋、追求高标准规划建设的理念，实现经济效益、社会效益和环境效益的统一。

一、优选选种本地植物

充分利用村庄原有植被，通过整治改造，塑造具有当地特色的景观风貌。优先选择当地的树种、花卉等，结合河岸、路边、防风林、村内道路、广场等开展村庄绿化，降低养护成本。鼓励种植林果、蔬菜等，将生产生活与村庄绿化有机结合。通过对农田、菜园设计等方式，引导种植特色农作物、果蔬，塑造丰富的大地景观。

二、循环老旧建筑材料

新建民居建筑利用当地材料，就地取材。鼓励对危房、旧房拆除后产生的建筑垃圾更新利用，变废为宝，节约开支。村庄中出现的大量废旧木材，可用于做建筑外立面的拼贴装饰或景观小品（图3-17）。

图 3-17　建筑材料再利用示意图

(a)　　　　　　　　　　　　　　　　(b)

三、推广绿色建筑

鼓励使用绿色建材，注重现代工艺与技术的创新，研究推广符合现代生活功能需求的创新农村绿色建筑形式。如绿色生土建筑具

有方便取材，易于施工，造价低廉、节省能源等优点，同时又能与自然相融合，方便农村工匠参与建设，有利于保护村庄环境和维护生态平衡，造就独特的民居建筑文化（图 3-18）。

图 3-18 绿色生土建筑建造示意图

第七节　设计图册通俗易懂，引导村民积极参与

一、简明的设计规划成果

设计规划图册应简明扼要，有利于村民学习与使用。编制可读性强的村庄规划导则，要让村民能够看得懂，使村庄规划能够切实指导村庄建设实践。

二、直观的村民设计手册

编制通俗易懂的村庄规划村民手册和农房建设村民手册。将专业图纸形象化、卡通化，让村民能够看得懂，能接受，能够理解村庄规划的意图与方向，能够有效利用村民手册开展村庄建设和农房建设。

三、形象的文本描述语言

将专业术语、技术语言转化成通俗易通的语言，通过乡村俚语、方言、谚语、顺口溜等形式，将抽象的技术语言大众化，增强村庄规划的可读性，引导村民参与规划的编制与实施全过程。

第八节　优化建设管理，增强可实施性

建设管理是规划实施的制度保障。要建立以工程推进为基础，强化多层次的队伍建设为支撑，落实长效管护机制为保障的可实施性的村庄规划建设管理体系。

一、工程推进

将村庄规划设计内容落实到工程项目上，通过工程项目推进规划设计实施。如贵州省开展村庄风貌建设，根据村庄风貌设计要求，提出3个"工程推进包"（图3-19），分别为兜底工程包、风貌要素整理显现规划包、产业设置规划包，不同风貌类型的村庄可选择相应的推进包，带动村庄风貌的整体提升，增强村庄风貌规划建设的可实施性。

图 3-19 贵州省村庄风貌"工程推进包"操作流程图

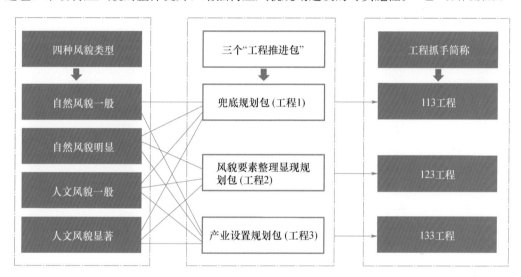

二、健全队伍

做好村庄规划建设，创立专业的村镇建设管理队伍，强化镇、村两级村镇建设管理人员的管理和技术水平。要逐步建立一支从规划设计到建设建造的专业技术队伍，包括村庄规划设计队伍、农村工匠等，并逐步建立农村建筑工匠培训制度。要强化村民对村庄规划建设的认知与技术水平提升，村民是村庄规划建设主体，应着力提高村民的意识和建设水平。

三、长效管护

长效管护机制是村庄规划建设成果的重要保障。应建立村庄规划建设的长效投入机制，保障村庄设施、运营维护的投入来源。建立一支长期为村庄规划建设实施及运营维护的人员队伍。通过现有体制机制，发挥人大、政协等的监督职能，强化村庄规划建设的监督与考核。

第四章 实用性村庄规划农房设计

农村住房建设是农村发展的重要内容，随着乡村振兴战略的深入实施，乡村建设也面临高质量发展需求。其中，农村住房建设的好坏直接关系到村庄规划的实施，关系到住房建设与周边环境是否协调，能否稳步提升农村住房经济性和实用性。随着农村居民生活水平的不断提升，对住房生产生活功能也提出了新的要求，新理念、新技术的应用也是农房设计的重要方面。同时，创新农房设计建造管理模式，适应当前农村现状，也具有重要的现实意义。通过实践和总结，提出农村住房设计遵循的六项基本原则。

第一节 注重住房与环境协调，有利于优化乡村空间布局

一、注重与周边自然环境协调

农村住房与城市住房区别之一是与自然环境有密切关系。传统农村住房在选址、布局、营建上，择水而居、依山就势，都充分反映了人与自然和谐共生的理念。农村住房选址与建造应充分尊重自然环境，有利于保护山水格局和生态环境（图 4-1、图 4-2）。在不破坏自然生态环境和山水格局的前提下，做好村庄和住房选址与布局，做到住房与自然环境的协调统一，提升农村人居环境水平。

图 4-1 重庆近郊融于自然环境之中的乡村住宅

图 4-2　贵州榕江瑶寨与自然环境协调统一

二、延续原有村庄空间肌理

　　村庄空间肌理是村庄在长期的历史岁月中逐步形成的空间格局、街巷尺度、建筑布局、建筑形式、村庄整体风貌等，受自然环境和人文历史的双重影响，既体现了地形、地貌、气候、水文等自然要素的特征，又蕴含着地域文化、乡村文化等发展特征。农村住房设计应考虑延续村庄空间肌理，在空间格局上要充分考虑原有地形特征，做到随形就势，充分尊重原有街巷尺度、建筑形式与村庄整体风貌，着力保护村庄空间结构、山水环境、街巷格局（图 4-3）。

图 4-3　冯梦龙村冯埂上延续原有村庄空间肌理

三、注重协调村庄建筑整体风貌

塑造和谐统一的村庄建筑风貌对于改善农村人居环境具有重要意义。农村住房建设过程中，应充分考虑新旧建筑的协调，注重村庄整体风貌和谐统一（图 4-4）。注重保护历史建筑物、构筑物，设置相应的建设控制区、风貌协调区等要求。合理设计新住宅建筑形制，统一建筑立面、屋顶色彩等。严格控制农村建房用地面积，建设层数和高度标准等。

图 4-4 思溪延村风貌相融合的新旧民居建筑

第二节 坚持经济适用原则，增强设计可实施性

一、优化村庄规划引导，节约利用土地

在乡村振兴战略深化落实和国土空间规划体系改革的背景下，积极开展村庄规划设计，合理引导村庄空间布局与农村住房建设，通过村庄规划建设引导，落实土地确权、集体经营性建设用地入市等政策，优化村庄布局，提高农村建设用地使用效率，合理利用农村建设用地开展农村住房建设。

二、坚持就地取材，集约利用资源

坚持就地取材，集约利用资源，避免浪费。充分利用当地乡土建材，如石材、黏土、尾矿废料等，既可以充分利用当地原料，又能节省运输成本。创新建造技术，充分利用秸秆、木材、竹子、芦苇等材料，用于农村住房设计建造，同时也能够有效解决秸秆焚烧带来的环境污染问题（图4-5）。

图4-5　全椒县丁黄村利用旧砖塑造乡土风貌建筑

三、坚持设计创新，推广经济适用型农房

各种钢结构、装配式建筑的出现，给住房设计增加了很多选择，通过设计创新，将新型建材和传统建材结合，能够实现新型农村住房的设计与建造。通过设计创新引领，推广新型经济适用型农房。经济适用型农房在降低工程造价的同时也应提高有效面积的利用率（图4-6）。

图4-6　经济适用型农房室内空间的利用

第三节　注重农村住房功能提升，改善农村人居环境

一、充分考虑现代农房生产生活功能需要

农村住房具有生活与生产的双重属性，除了居住空间还包含了储物空间、生产空间。在住房设计时，应按照农民家庭所从事的不同产业需求提供相应的生产生活空间。现代农村住房应以人为本，在整体风貌提升的同时，更加注重居住的舒适度，满足农村居民对现代生活的需求。改变传统农村住房占地面积大、功能分区不明确、人居环境差的问题，对农村住房进行基本功能分区，根据不同需求设置客厅、卧室、厨房、卫生间等，为满足生产需要，设置附属用房、生产工具存放、粮食存放等空间，有必要的设置停车房、停车位等空间。

二、注重庭院、房前屋后空间利用，提升环境品质

庭院是农村住房的重要附属空间，应着力优化庭院空间，提升庭院功能和品质。优化庭院空间格局，充分利用庭院空间，进行合理的道路设置和硬化处理。增加具有庭院特征，体现乡土特色和居民品位的绿化，如结合生活种植经济树种、菜地、花草等（图4-7）。合理设置工具摆放空间、活动空间等，避免乱堆乱放，影响庭院空间使用。注重房前屋后空间的利用，开展房前屋后清理乱堆乱放柴草、杂物。增加乡土绿化，保持环境整洁。

图 4-7 满足住户种植需求的宅前院落

三、统筹考虑智能家居系统配置

在乡村振兴战略背景下，农村居民对现代美好生活的服务需求日益提升，在农房设计过程中，充分考虑布置网线、智能设备接口，合理配置 5G 设施、安防系统等智能家居设施。提高农村住房的现代化水平，让农村居民充分享受到互联网、现代科技发展的红利，提升农村居民的获得感和幸福感。

第四节　注重建造工艺传承与创新，提升农房建设品质

一、鼓励延续和传承传统建造工艺

现如今，在各地农村住房建造中，体现了诸多传统建造工艺，这是我国农村住房建设的优秀传统文化的一部分，也是农村住房风貌得以延续的技术基础。在农房设计和建造过程中，鼓励延续和传承传统建造工艺，如夯土技术、榫卯工艺、木雕、石雕、砖雕、柳编等装饰工艺（图 4-8、图 4-9）。同时，也要结合现代农村居民需求和新材料、新工艺的应用，进行技术创新，做到既延续传统建造工艺，又能够创新适应新时代农村生产生活需求。

图 4-8　传统建造工艺

(a) (b)

图 4-9 延续徽派建筑风格的农村住房风貌

二、推广使用现代建造技术

在农房设计中应合理使用现代工业化建造技术，如固化土地基处理技术、装配式建造技术、饰面施工技术等。现代建造技术不仅可以提升建设效率与品质，还能为住宅提供大开间设计，满足灵活的户内空间分割方案需求。通过新材料、新技术的使用，在农村住宅中融入现代城市建筑设计理念，体现新农村建筑的时代性（图 4-10）。

图 4-10 现代装配式建筑工艺

(a)　　　　　　　　　　　　　　　(b)

第五节 推广绿色节能技术，发展农村生态住宅

一、应充分考虑生态环境利用

生态环境是现代农村住房设计关注重点之一，在农村住房设计中应利用并保护生态环境，确保农房建设中、建造后，不破坏生态环境，塑造良好的生态景观。农房建造应顺应地形建设，减少土方量，开挖土方尽量回填，利用周围景观、水体创造与自然协调的农村住房（图4-11）。

图 4-11 胥江村坡地生态型村镇民居

二、鼓励使用绿色建材、循环利用废旧材料

在农村住房设计中，应鼓励使用绿色生态的建筑材料，如生土、秸秆、竹子、芦苇等可再生的绿色建筑材料，减少黏土砖等对生态环境破坏的建筑材料使用。大力支持废旧建筑材料再利用，通过设计创新，应用于农房建设、房前屋后花坛、附属用房、道路建设等，减少建筑垃圾的产生（图4-12、图4-13）。在住宅建设中宜考虑应用现代节能技术降低住宅能耗。如采用热工性能较好的加气混凝土砌块构筑外墙、在墙体外侧使用保温板材、采用断热型材料的门窗等改善建筑热环境被动式降低住宅能耗。

图 4-12 使用废旧建筑材料建设具有传统风貌的农村住房

图 4-13 采用生态稻草漆作为外墙涂料的农村住宅

三、鼓励采用现代生态技术，减少废物废水排放

可在建筑设计中采用一些现代生态技术实现废物废水减排、资源再利用，减少对原有生态系统的破坏。如通过使用沼气池技术对粪便以及秸秆等废弃物进行处理转化为清洁能源，或使用中水系统将污水、雨水实现水的生态循环梯级利用（图 4-14）。

图 4-14　住宅雨水
收集系统

第六节　创新农房设计建造管理模式，推进农房设计管理升级

一、推广设计引领 EPC 建造模式

在农房住房建设、村庄风貌改造过程中，积极推广设计引领的 EPC 建造模式，通过村庄规划设计、农房设计引领，能够有效地协调农村住房与环境协调、整体风貌统一，并能够降低成本，也有助于推广新型技术等。通过设计引领，开展 EPC 模式，能够避免设计与建造脱节，浪费严重等问题，提高农房设计建造管理水平。

二、引导开展共同缔造模式

引导农村开展共同缔造，带动村民参与建设全过程，充分发挥村民主体作用，广泛吸引政府、社会力量参与乡村建设中去。做到政府引导、村集体和村民为主体、社会广泛参与的新型农村建造模式（图4-15）。

图 4-15 甘肃岷县
村民协力造屋

第五章 农业生产方式变化对城乡空间的影响

农村生产组织方式对于农村聚落居民点布局形态变化具有重要的影响。随着我国城镇化进程的深入推进，以及新时代乡村振兴战略的全面实施，我国农村生产组织方式逐步发生转变，新型农村经营主体、组织机制和经营模式逐步替代了传统的自给自足的小农经济，与之相适应的城乡空间布局也在逐步发生变化。本文在深入分析新时代乡村振兴战略背景基础上，从分析新型经营主体、新型组织机制及经营模式变化特征等方面入手，研究新时期我国农村生产组织方式变化，进而研究提出对城乡空间布局的影响，主要表现在产业、居住和耕地空间组织集中化，居住形态社区化、城镇化和公共配套现代化等方面。

第一节　新时代乡村振兴战略背景

随着我国城镇化进程的深入推进，乡村地区生产组织方式、居住模式、空间布局等方面产生诸多问题，如"空心村"现象、农房空置无人居住、耕地撂荒等。从城乡用地使用的角度来看，这些现象体现的是乡村空间资源使用效率低，土地等要素浪费严重。而城乡空间布局调整过程中，政府的积极干预，也出现了诸多争议和矛盾，如饱受争议的大拆大建、农民"被上楼"、过度城镇化等现象，也表明不考虑农村实际生产生活需求，违背客观规律调整城乡空间布局的做法，会产生不良影响。新时代农村农业发展仍然是一个重要课题，科学合理地解决快速城镇化进程中农村农业发展问题，必须深入分析农村生产组织方式的变化，以及对城乡空间布局的影响，厘清农村生产组织方式和居住模式之间的关系，才能对城乡空间布局优化作出科学决策。

解决上述矛盾，需要厘清生产组织方式与居住模式之间关系。根据马克思政治经济学的唯物史观，"生产力决定生产关系，生产关系反作用于生产力"。不同生产力水平，对应着不同的生产组织方式，传统的小农经济，对应的是分散的村庄聚落，靠近耕作生产地，有利于分散化的小农耕作组织，但难以配置公共设施，改善人居环境。生产力水平提升，导致生产组织方式发生变化，进一步影响到空间布局形态变化。规模化、专业化的农业组织方式，可以有效扩大耕作生产距离，适宜集中居住模式，并能够有效配置公共设施，改善人居环境。大拆大建、农民"被上楼"等现象，是因为在小农经济的分散化生产组织模式前提下，破坏了原有村庄聚落的居住模式。同时，"空心村"现象、农村人居环境差、基础设施落后，又反映了快速城镇化过程中，亟须现代规模化、专业化农业生产组织模式和相应的集中居住模式。

党的十九大报告中首次提出"实施乡村振兴战略"，是在对当前我国城乡关系以及农村生产组织方式变化作出准确判断基础上提出的。2018年中央一号文件，对实施乡村振兴战略进行了全面部署。《乡村振兴战略规划（2018—2022年）》，提出未来在农村必须创新生产组织方式，优化城乡空间布局。这将对深入推进城镇化进程，促进农村现代化发展，优化城乡空间资源利用具有重要意义。

第二节　农村生产组织方式的变化

《乡村振兴战略规划（2018—2022年）》提出，"坚持家庭经营在农业中的基础性地位，构建家庭经营、集体经营、合作经营、企业经营等共同发展的新型农业经营体系，发展多种形式适度规模经营，发展壮大农村集体经济，提高农业的集约化、专业化、组织化、社会化水平，有效带动小农户发展。"新型农业经营体系将是新时期农村主要的生产组织方式，主要包括新型经营主体、新的生产机制和新的经营模式，此三者代表的是乡村先进生产力发展的方向。

一、新型经营主体

家庭农场、种粮大户。家庭农场是以家庭为单位，通过土地流转，将农业生产规模化，粮食、农产品市场化。2013年中央一号文件提出"坚持依法自愿有偿的原则，引导农村土地承包经营权有序流转，鼓励和支持承包土地向专业大户、家庭农场、农民合作社流转，发展多种形式的适度规模经营。"各地出台相应政策鼓励耕地向种粮大户、家庭农场流转，鼓励规模化经营，有效地集中了撂荒的耕地，提高了土地耕种效率。我国各地实践表明，家庭农场、种粮大户促进了农业经济发展，推动了农业商品化的进程，克服了自给自足的小农经济弊端，提高了商品化程度和农产品质量安全。

村集体经济。村集体经济发展能够有效提高农民组织化程度，提高现代农业化水平。当前，诸多村集体创新组织模式，通过村集体组织股份制合作的方式，对外引进技术、资本、渠道等进行合作，对内发动农户入股，引领农户参与现代化农业发展，改变了传统的小农经济发展模式，推进了农业现代化进程。在新型城镇化和农业现代化的进程中，传统的农业组织方式转型为新型农业经营体系，村集体经济将成为重要的农业经营主体之一。新型的村集体经济组织模式能够有效利用社会技术、资本、渠道等，调动农户积极性，增加村集体收入，改善农村人居环境，提供公共产品，保障广大农民根本利益，稳定农村集体所有制的根本属性。

新型农民合作社。新型农民合作社与传统的农民合作社不同，采取现代化的管理方式，通过股份制合作等方式，通过农民利用资源、资金入股，变为股民，开展合作。新型农民合作社一般由村集体或外部合作的机构主导，成立股份制公司，为成员在农村金融、智慧农业、农村物流、农村大数据、农村电子商务、市场渠道拓展等方面提供指导和服务，并形成农村一体化综合服务平台。新型农民合作社等经营主体能够适应市场化需求，有效推进现代农业专业化发展。

农业产业化龙头企业。农业产业化龙头企业是指以农产品加工或流通为主，通过各种利益机制与农户相联系，使农产品生产、加工、销售有机结合。农业产业化龙头企业优势在产品质量、产品科技含量、新产品开发能力上，能够有效带动农业发展，推进新型农业经营体系形成。

新型服务主体。新型服务主体是专业从事服务于农产品研发、生产、加工、销售等农业各环节的新型服务个体、企业、科研机构等。新型服务主体在现代农业发展过程中，能够有效推动农业专业化、规模化、市场化及提高科技含量等。如研发型农业高新企业能够提供科技支撑，农产品互联网销售平台能够为农产品销售扩大销售渠道，农机具服务大户或企业为农业生产提供专业化农机具服务。

二、新型组织机制

农业产业化、市场化。农业产业化、市场化是现代农业发展的主要方向。有别于小农经济，以自给自足为目的，农业产业化、市场化是以为社会提供农产品为目标，参与到社会大分工当中，作为其中产业形式存在。近年来，我国的农业产业化、市场化水平在逐步提高。在政策引导下，耕地逐步向种粮大户、家庭农场流转，形成规模化种植，加速了农业产业化、市场化进程。另一方面，产业融合发展过程中，农业作为基础性产业，与文化旅游业很好地结合在一起，为旅游发展提供旅游产品、农事体验等，也推动了农业产业化、市场化水平提升。

农民组织化、社会化。农民组织化、社会化是将农户组织起来，形成具有竞争力的市场主体，参与到社会分工生产，已成为实现农村现代化的根本途径。与传统农业的生产方式相比，组织化、社会化的农业合作组织具有社会分工深化，有广泛社会协作基础，农业系统面向社会、市场开放的主要特征。这种组织方式提高了现代农业的总体功能，促进了农业专业化发展，促使农民成为现代新型农民。

农业规模化、设施化。农业规模化、设施化生产是实现产业化和组织化的必然组织模式。种粮大户、家庭农场、公司化经营、农业合作社等，为提高农业生产效率，必然要选择规模化经营，采取现代的农业设施，降低劳动力成本。规模化生产能够解决传统小农经济无法解决的大型农用机械使用和耕作半径短等问题，对于系统解决生产工具存放，粮食短时间必须烘干、储存等问题。设施化生产解决了农业受气候影响的问题，更好地适应了市场化需求。

三、新型经营模式

家庭经营。家庭经营的主体主要是家庭农场、种粮大户等。仍然以家庭为单位，家庭成员为主要劳动力，但经营目的已不是自给自足，而是从事商品化生产经营，通过向社会提供农产品获得主要收入。家庭经营将是未来农村地区，尤其是非商品粮生产区的主要经营模式之一，能够加快提高农业农村现代化水平，加速推进新型城镇化进程。

集体经营。村集体是农村的重要经济组织单元。创新集体经营模式，推进农村集体产权制度改革，发展股份合作，变资源为资产、变农民为股东，对于发挥村集体组织作用、盘活集体资产、实现规模化经营、增强抗风险能力、增加集体收入、带动农户产业发展、增加农民收入具有重要意义。

企业经营。现代农业企业、龙头企业是农村现代经营主体之一，其具有专业技术、工商资本、市场渠道等优势，通过土地流转实现规模化、产业化经营，能够有效推进农业现代化进程。

合作经营。合作经营是村集体通过与外部政府相关部门、科研机构、企业等合作，采取多样化的合作方式，培育新型农村经营主体，提升村集体社会化程度和农户组织化程度。发挥新型农村经营主体优势，带动农户专业化生产。例如，农业社会化服务主体、农民专业合作社，通过发展"一站式"农业生产性服务业或股份制合作，带动农户发展。依托经济实力强的农村集体组织建立农民专业合作社联合社，辐射带动周边村庄共同发展。

第三节　对城乡空间布局的影响

在快速城镇化推进过程中，农村生产组织方式的变化，产生的新型经营主体、新的组织机制和经营模式，代表着更高级的生产力水平，反作用于生产关系时，对传统的城乡空间组织方式、空间形态和公共资源配置方式等产生了诸多影响，对城乡空间布局提出了新的要求。

一、空间组织集中化

工业向园区集中。20 世纪 90 年代开始，全国范围内开展工业园区、开发区等建设，集中布局工业，工业企业向园区集中。对于农村地区而言，一方面，有效地节约了土地，解决了工业零散布局、效率低下的问题；另一方面，也极大地改善了农村人居环境，结束了"村村点火，户户冒烟"的局面。农业产业化、规模化经营，以及新型农业企业的介入，大量农村劳动力从农业中释放出来，转到工业园区工作。

居住向社区集中。居住模式与生产组织方式有着密切的联系。传统的小农经济受生产耕作距离影响，对应的是分散的村庄聚落居住模式。随着传统小农经济模式逐步转变为规模化、专业化、社会化生产，新型经营主体对生产距离要求放宽，居住模式逐步转向城镇集中、向社区集中。一方面，随着城镇化发展，大量农村居民变为城市居民，进入城市、城镇落户工作；另一方面，脱离农业生产的农民，工作开展转向工业园区、城镇，居住模式由分散的村庄聚落模式，逐步向城镇或新型社区集中。

农地向适度规模集中。在农村地区农地也在逐步发生变化，开始向适度规模经营集中。各地出台有关政策，鼓励农用地向家庭农场、种粮大户、农业企业等流转，开展规模化、专业化经营，发展现代农业，提高专业生产能力和农产品市场竞争力。

二、居住形态社区化

规模化。农村居住形态社区化的第一个特征是规模化。传统的村庄聚落，一般行政村人口规模在几百人，大村几千人，自然村一般几十人到一两百人。而新型农村社区一般由几个甚至几十个行政村合并而成，一般在万人以上，有些大的农村社区甚至达到十万人规模。规模化的农村社区组织方式，对原有的社会治理结构、邻里关系也产生了影响。

楼房化。楼房化是农村居住形态社区化的第二个特征。有别于传统的一户一宅，传统街巷和院落式的农村居住形态，新型农村社区采取统一规划、住宅集中布局的方式，有效地节约了建设用地，盘活了农村集体建设用地存量。同时，对于"一户一宅"政策实施提出了新的挑战。

现代化。新型农村社区一般先制定规划设计，通过对社区进行科学规划布局，配套相应的公共服务设施和基础设施，各项设施和服务相对较为齐全。相比传统的村庄聚落是在长期发展过程中，通过自然生长方式产生，没有系统规划，新型农村社区的功能布局更加现代化、人性化，能够有效地改善农村人居环境，提高农民生活质量和水平。

三、公共配套现代化

公共服务。成规模的社区化居住方式有利于统筹布局中小学、幼儿园等教育资源，医务室、卫生院等医疗资源。同时，可以设置相应的文化活动中心、体育活动中心等，配置相应的图书室、体育设施、场馆等，让社区居民能够方便享受到现代化的公共服务配套设施。

基础设施。同时，农村社区方便配置集中供水、统一排水、垃圾清运、管道燃气、有线电视、无线网络、集中供暖等基础设施，对于提升社区居民生活水平具有重要意义。而传统的村庄聚落布局分散，人口规模相对较小，上述设施配置成本高数倍，难以配置。

人居环境建设。经过规划设计的农村社区，一般会把公共空间作为重要的内容之一，社区公共活动空间、绿地景观、夜间照明、公共服务、社区环境等，较之村庄聚落有了明显提升，也有助于社区居民享受现代化的人居环境。

第四节 结论与展望

一、结论

本文通过深入分析新时代背景下乡村发展面临的问题，基于马克思政治经济学的唯物史观，探索我国农村地区随着生产力水平的提升，农村生产组织方式的变化，提出生产组织方式变化的主要内容。分析农村生产组织方式变化与城乡空间布局的关系，得出对城乡空间布局产生影响的逻辑关系。

新时代乡村发展背景发生显著变化。随着城镇化推进和乡村振兴战略的实施，农村逐步出现老龄化、空心化、农房空置、耕地撂荒等现象，各地政府积极干预过程中，也出现了诸多争议和矛盾，如大拆大建、农民"被上楼"等现象。根本问题是农村生产组织方式变化与城乡空间布局间不匹配。进入新时代，乡村振兴战略、鼓励土地流转、鼓励家庭农场、种粮大户、工商资本下乡等一系列政策的出台，极大地改变了乡村发展环境。

农村生产组织方式发生根本性变化。当前农村生产组织方式变化主要表现在三个方面。一是出现了家庭农场、种粮大户、村集体经济、新型农民合作社、农业产业化龙头企业、新型服务企业等新型经营主体；二是产业化、市场化、组织化、社会化、规模化、设施化等新型组织机制改变了传统农业的组织方式；三是出现了家庭经营、集体经营、企业经营、合作经营等新型的经营模式。

对城乡空间布局产生明显影响。新的农村生产组织方式对城乡空间布局影响表现在三个方面。一是空间组织集中化，工业向园区集中，居住向社区集中，农地向适度规模集中；二是居住形态社区化也出现了规模化、楼房化、合理化特征；三是公共配套现代化，公共服务、基础设施和人居环境得到有效改善。

二、展望

我国社会长期的城乡二元经济结构导致农村地区发展相对滞后，人才、资源等要素不断流入城市，缺乏必要的投入机制，致使农村地区凋敝，农业现代化进程缓慢，农民收入和生活水平较低。近年来，国家高度重视农村地区发展，城乡二元经济结构壁垒逐步消除，城乡一体化进程加快，这对原有的城乡空间布局产生了重要影响。随着未来城镇化的进一步推进，农业人口会进一步减少，农业现代化水平大幅提升，城乡空间将会有以下发展趋势。一是大量村庄，包括部分农村社区、小城镇会逐步消亡，人类活动更加集中于城市，尤其是东部地区特大城市群；二是农业现代化水平大幅提升，从事农业生产人口比重进一步降低；三是城乡公共服务、基础设施、人居环境趋于均等化，城乡差距进一步缩小。

第二篇

实 践 篇

第六章 北京市门头沟区马栏村村庄规划

第一节 规划背景

2019年5月23日，《中共中央 国务院关于建立国土空间规划体系并监督实施的若干意见》正式发布，标志着我国空间规划体系发生了重大转变，由原住房城乡建设部门主导的城乡规划体系转变为自然资源部门主导的国土空间规划体系。在新的国土空间规划体系中，村庄规划的定位是详细规划。当前做好村庄规划，必须深入研究国土空间规划背景下，村庄规划面临的诸多外部环境，适应国土空间规划对村庄规划的具体政策和技术要求。北京市门头沟区马栏村村庄规划，在深入研究国家及北京市国土空间规划要求基础上，研判国土空间规划背景下，村庄规划需要积极适应多规融合，实现"一张图"管控，落实集约节约使用用地空间，统筹生态、农业、城镇空间，强化生态环境建设，推进信息化管理，完善国土空间基础信息平台等新要求，对加强实用性村庄规划编制工作，推动乡村地区发展，具有积极的意义。

第二节 村庄概况

马栏村位于北京市门头沟区斋堂镇，距离市区约90公里。马栏村户籍人口810人，常住人口251人，属于中型村庄。马栏村村域面积约1634.7公顷，其中村庄建设用地面积12.5公顷，村庄内公共服务设施较完善，基础设施基本满足使用要求，马栏村凭借斋马路与镇区连接，路面状况较好。马栏村既是北京市传统古村落也是传统村落，是具有古道古村文化和红色历史文化的特色提升型村庄。村内共有18处红色革命遗址建筑，包括冀热察挺进军司令部旧址、冀热察挺进军十团团部旧址等。村庄南部的马栏林场是北京市林业局下属的市级森林公园，属百花山自然保护区，林场内自然资源丰富，保存有从马栏村到房山区金鸡台村的古道。

第三节　规划思路

根据北京市国土空间规划的相关政策要求，制定马栏村村庄规划。《中共中央　国务院关于建立国土空间规划体系并监督实施的若干意见》和自然资源部办公厅《关于加强村庄规划促进乡村振兴的通知》《北京城市总体规划（2016 年—2035 年）》《北京市村庄规划导则（修订版）》均涉及到国土空间规划对村庄规划的有关要求，主要内容可以概况为以下五点。

一是绘制一张蓝图，实现"多规合一"。构建统一的国土空间规划技术标准体系，修订完善国土资源现状调查和国土空间规划用地分类标准，推进实现国土空间规划"一张图"，促进多规协调，完成"多规合一"目标。

二是集约土地资源，落实用地减量。在资源环境承载能力和国土空间开发适宜性评价的基础上，统筹协调生态、农业、城镇空间，以"集约高效、减量提质"为原则，落实用地减量。村庄建设用地的减量以减量集体产业用地为主，对于不同类型村庄，应从实际情况出发，不宜采取"一刀切"的减量要求。

三是强化底线管理，加强生态建设。国土空间规划强化"底线约束"，要求划定生态保护红线、永久基本农田、城镇开发边界等空间管控边界。"明确生态底线，落实管控要求"，保护耕地，保护生态环境，提高生态规模与质量。

四是保护传统风貌，传承村庄文化。符合"延续历史文脉，加强风貌管控，突出地域特色"的总要求，本着传承历史文脉，繁荣村庄文化的基本原则，名镇名村、传统村落的规划应挖掘历史文化价值，保护文化遗产，在保护中实现村镇特色发展。

五是信息化管理，完善国土空间基础信息平台。建立统一的国土空间基础信息平台，实现主体功能区战略和各类空间管控要素精准落地，利用信息化手段精准高效管理国土空间。

第四节　规划重点

一、科学制定技术路线，全过程保障规划建设

为避免落入传统村庄规划编制套路，深层次对接国土空间规

划要求，本次马栏村村庄规划实践科学制定了技术路线（图 6-1），作为本次工作的顶层设计，确保村庄规划编制方向正确和可实施性。

图 6-1 马栏村村庄规划技术路线图

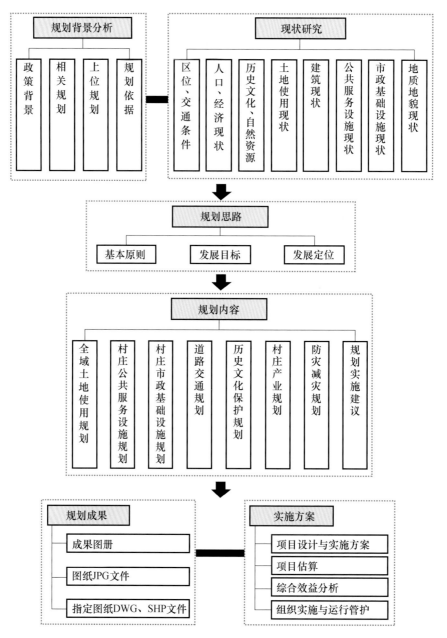

首先，规划设计团队深入学习国家及北京市国土空间规划相关政策文件要求，重点对《北京城市总体规划（2016 年—2035 年）》《北京市村庄规划导则（修订版）》《门头沟区村庄民宅风貌设计导则》等进行研究，明确本次马栏村村庄规划所处的国土空间规划背景，例如北京市总体规划对减量化的要求，空间底线管控基本要求，

村庄规模和村庄类型对规划方案的影响等内容。其次，通过规划师驻村、座谈会、访谈等形式，深入研究马栏村区位特征、自然条件、经济社会发展、村民意愿等各方面，针对外部发展环境及国土空间规划政策要求，提出马栏村的优势、劣势、机遇和挑战。并厘清马栏村村庄规划需要解决的核心问题，主要集中在如何适应政策要求实现减量化发展，落实好空间管控，处理好历史保护与发展的关系，以及对接国土空间信息化管理系统等。再次，在明确规划核心问题后，确定了加强生态环境保护、资源集约节约利用、传统村落保护的指导思想和尊重自然、尊重历史、尊重村民的基本原则，指导规划方案的制定。在此过程中，通过与村民、村委会、镇政府及各部门的不断沟通，吸纳各利益群体意见，切实解决具体问题。最后，为保障马栏村村庄规划有效落实，在规划设计方案基础上，编制实施方案，明确具体建设项目及投资估算等内容。

二、实践多规融合，绘制马栏村国土空间全域"一张图"

马栏村村庄规划实现多规融合，面临诸多问题。一是缺少统一的用地分类，原有村庄规划、土地利用规划及林业规划等用地分类标准不同，详细程度各异。二是原有各类规划的用地不统一，存在交叉现象，同一地块在不同规划中属性不同。首先，为解决上述各类规划衔接问题，实现马栏村全域空间"一张图"，规划设计在《门头沟区斋堂镇土地利用总体规划（2006—2020年）》《马栏村村庄规划（2006—2020年）》《马栏村传统村落保护发展规划》基础上，以《北京市村庄规划导则（修订版）》的统一用地分类标准作为马栏村村庄规划用地分类依据。其次，对照各类规划现状图纸、资料及村庄遥感卫星图，对现状进行调研与实地踏勘，整合叠加各类规划图纸要素，明确现状村域、村庄矛盾地块的用地性质，并与有关部门逐一协调地块冲突的有关矛盾，绘制村庄全域土地利用现状图。然后，以此村庄用地现状图为基础，应用统一的分类标准，研究确定马栏村全域国土空间规划"一张图"。

同时，马栏村村庄规划用地分类与门头沟分区规划用地分类进行衔接，保证了村庄规划与门头沟区的分区规划相衔接，在更大范围实现"一张图"，为纳入北京市村镇建设管理信息化管理系统打下基础。

三、落实减量规划，推进马栏村绿色发展

《北京城市总体规划（2016年—2035年）》首次提出减量规划，并在规划中要求逐级落实，也包括在村庄规划中进行落实。"减量规

划是实现区域资源整合、资源集约利用的一种规划。"主要是淘汰高投入、高能耗、高污染、低效益的"三高一低"的产业类型，加强生态保护，扩展绿色空间，发展适合乡村发展的新兴产业。马栏村腾退建设用地主要包括有村域废弃采矿用地和闲置的村庄其他建设用地，并处理基本农田保护区、生态保护红线、水域管控蓝线等刚性管控范围内村庄建设用地，坡度较大不适宜建设的建设用地等，通过用地减量和置换等方式进行协调，实现国土空间的高效集约利用和村庄绿色发展（图 6-2 和表 6-1）。

图 6-2 马栏村村庄规划减量地块示意图

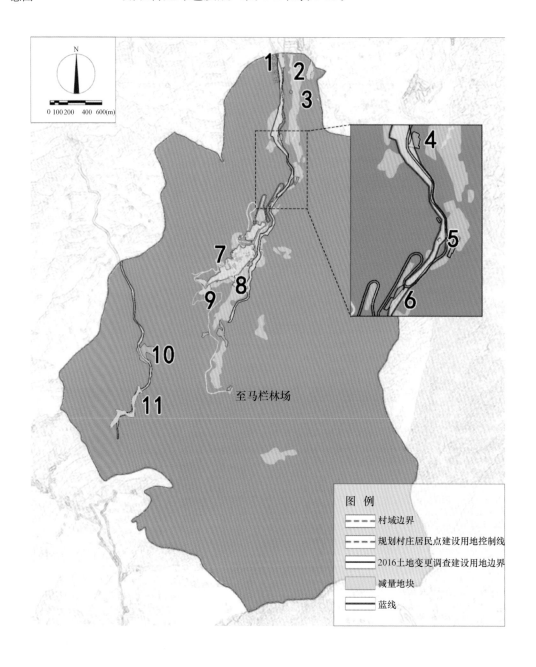

图 例

村域边界

规划村庄居民点建设用地控制线

2016土地变更调查建设用地边界

减量地块

蓝线

至马栏林场

表 6-1 马栏村村庄规划减量地块

地块编号	面积（公顷）	2016 年土地变更调查地类	现状使用情况	土地使用规划地类	减量原因
1	0.78	采矿用地	废弃	农业用地	废弃采矿用地
2	0.90	采矿用地	废弃	农业用地	废弃采矿用地
3	0.06	采矿用地	废弃	林业用地	废弃采矿用地
4	0.05	采矿用地	垃圾场，减量地块内无建筑	水域	蓝线内
5	0.01	村庄	河道巡查房，现已拆除	水域	蓝线内
6	0.06	村庄	地面无建筑	水域	蓝线内
7	0.45	村庄	闲置建设用地	林业用地	坡度大，利用率低
8	0.24	村庄	闲置建设用地	待深入研究用地	坡度大，利用率较低
9	1.15	采矿用地	废弃	林业用地	废弃采矿用地
10	0.34	采矿用地	地块内无建筑	水域	蓝线内
11	2.83	采矿用地	废弃	水域、林业用地	蓝线内、废弃采矿用地

同时，为了给马栏村未来发展留有足够弹性空间，在减量同时，根据自然资源部办公厅《关于加强村庄规划促进乡村振兴的通知》要求，"探索规划'留白'机制"，即村庄规划中可预留不超过一定量的建设用地机动指标，特定功能的村庄建设用地可申请使用，并提出"对一时难以明确具体用途的建设用地，可暂不明确规划用地性质"。马栏村村庄规划结合村庄发展现实需要，将原有较适宜建设的村域建设用地和村庄内地形有一定高差的闲置建设用地，规划为"待深入研究用地"，为未来村庄发展公益设施、文旅设施或新兴产业预留空间，高效配置土地资源。门头沟区规划和自然资源委员会将"待深入研究用地"定义为"村庄居民点建设控制线以外，以2016 年土地利用变更调查为基础，规划用途需结合上位规划及拟建具体项目进一步明确的各类用地。"空间规划应兼具刚性和弹性，前者体现约束性指标、用途管制等限定，后者则为克服自身存在的不确定性以及规划主体的非理性导致的实施过程中的矛盾，而体现出来的灵活性和可变性。"待深入研究用地"正是体现了这种灵活性和可变性，增设此类用地，可以避免"一刀切"的减量规划造成的村庄发展与用地减量之间的矛盾。

四、强化底线空间管控，夯实乡村发展硬环境

建设空间、农业空间、生态空间管控是国土空间规划的重点内容，底线管控是基于"底线思维"的规划方式，马栏村村庄规划通过"五线"① 控制和村域空间分区划定两种技术途径落实底线管控。

第一，绘制村域"五线"划定图，落实"五线"划定。严格落实永久基本农田保护控制线、蓝线、紫线的严格管控，与门头沟区相关部门对接，精准落位于规划图纸上，旨在明确划分禁止建设区域，保护自然生态资源和历史文化资源。在此基础上，根据2016年土地变更调查结果及现场调研结果，划定村庄居民点建设用地的控制线，落实建用地管控要求。马栏村不涉及重大基础设施，故无黄线。

第二，落实"一线两区"② 要求，划定村庄国土空间分区（图6-3）。因马栏村村域全部位于生态控制区范围内，马栏村空间管治全域划定为生态控制区，并细分基本农田保护区、生态保护红线范围和百花山自然保护区范围。基本农田保护区与生态保护红线规划限制开发利用，禁止与生态保护及修复无关的建设行为。为充分保护和合理利用自然资源，百花山自然保护区部分，建议在不破坏生态环境前提下，兼顾经济、生态和社会效益。通过对马栏村村域的空间管控，有效地夯实了村庄发展的硬环境。

五、加强历史保护和村庄风貌引导，提升乡村发展软实力

在国土空间规划有关政策要求中提出，加强对传统村落和历史文化要素的保护，是村庄规划的重要内容。马栏村是中国传统村落，规划中将加强历史保护和村庄风貌引导作为一项重要内容。

一是衔接《马栏村传统村落保护发展规划》，划分核心保护区及建设控制地带。核心保护区包括现存文物保护单位、历史建筑、内部街巷及周边一定区域内的传统民居和历史空间（图6-4～图6-7）。建设控制地带即村庄居民点建设用地控制线内，核心保护区外的区域。从管控强度角度，核心保护区的管控要求更为严格，对于核心保护区内严重破坏传统风貌的建筑或超高建筑，近期整治，远期应予以拆除。核心保护区内建筑需延续传统民居建筑形制及风貌，而建设控制地带新建民居可使用与传统建筑风貌协调的新材料和新工艺。

---

① 五线：村庄居民点建设用地控制线、永久基本农田保护控制线、蓝线、紫线、黄线。
② 一线两区：在门头沟区的落实政策，"一线"为城市开发边界线，"两区"为集中建设区、生态控制区。

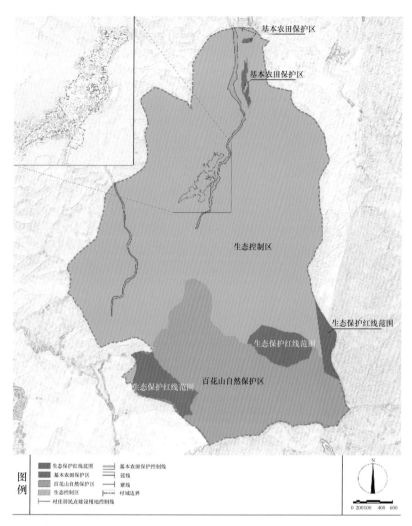

图例

■ 生态保护红线范围	▦ 基本农田保护控制线	
■ 基本农田保护区	□ 蓝线	
▨ 百花山自然保护区	□ 紫线	
▦ 生态控制区	— 村域边界	
— 村庄居民点建设用地控制线		

N

0 200 100　400　600

图6-3 马栏村村域空间管控分区图

图6-4 马栏村冀热察挺进军司令部旧址陈列馆

图 6-5　马栏村历史
街巷

图 6-6　马栏村光荣
纪念碑

图 6-7　马栏村冀热察挺进军警卫排旧址

　　二是规划根据《门头沟区村庄民宅风貌设计导则》，提出村庄建设管控及风貌引导，加强传统村落历史风貌保护。村庄规划增加了建筑规模指标控制表，对宅基地建筑、集体产业建筑及其他建筑的建筑规模均加以控制。建筑控制指标还包括建筑层数和高度，例如二层屋脊高度不超过 9 米等要求。马栏村属于明代建成的特色提升型村庄，要求村内新建或改造建筑需延续传统风貌。村庄规划从建筑结构、墙体、门窗、屋顶、院落布局和建筑色彩及材质方面，对村内建筑提出建议。比如建筑材质可选取当地砖、木、瓦等材质，墙体建议使用青灰色、白色、浅土黄色等传统建筑中常见的色彩，屋顶使用青瓦或砖红色瓦片，门采用木质门，窗建议采取木质栅格与玻璃相结合的形式，院落布局以三合院和二合院为主。另外对村庄公共空间景观设计和植物配植也提出规划引导，美化村庄生态环境和景观风貌（图6-8）。通过对村庄建设指标和风貌的管控，保护和延续传统村落建筑肌理和风貌特色。

图6-8 马栏村村庄入口设计

三是挖掘红色历史文化，发展红色产业，提升村庄发展软实力。传统村落的规划应处理好保护和发展的关系，利用不同资源条件适当发展旅游产业，推动村庄发展。马栏村村庄规划利用村庄红色历史建筑，盘活有限的村庄存量建设用地，打造红色旅游线路，策划红色文旅项目，适度发展文化旅游产业。

六、纳入数据库体系，推进乡村建设信息化管理

随着互联网技术进步，乡村建设逐步实行信息化管理。按照北京市统一要求，马栏村村庄规划对规划成果的矢量成果进行了标准化处理以纳入北京市村庄规划地理信息系统。一是提交标准的DWG、SHP两种格式的矢量文件（图6-9），分别由AutoCAD和ArcGIS软件绘制。二是矢量图纸均使用统一北京地方坐标体系。三是根据《门头沟区村庄规划成果（简本）制图及数据标准》，提交包含村庄各项属性数据的SHP文件。SHP格式的处理软件ArcGIS便于资料分析、图形和数据查询统计，便于纳入北京市统一的村庄规划数据库体系。将空间数据与属性数据相关联，实现农村规划成果上下无缝对接，为规划管理提供了实时可查、可更新的信息管理平台。

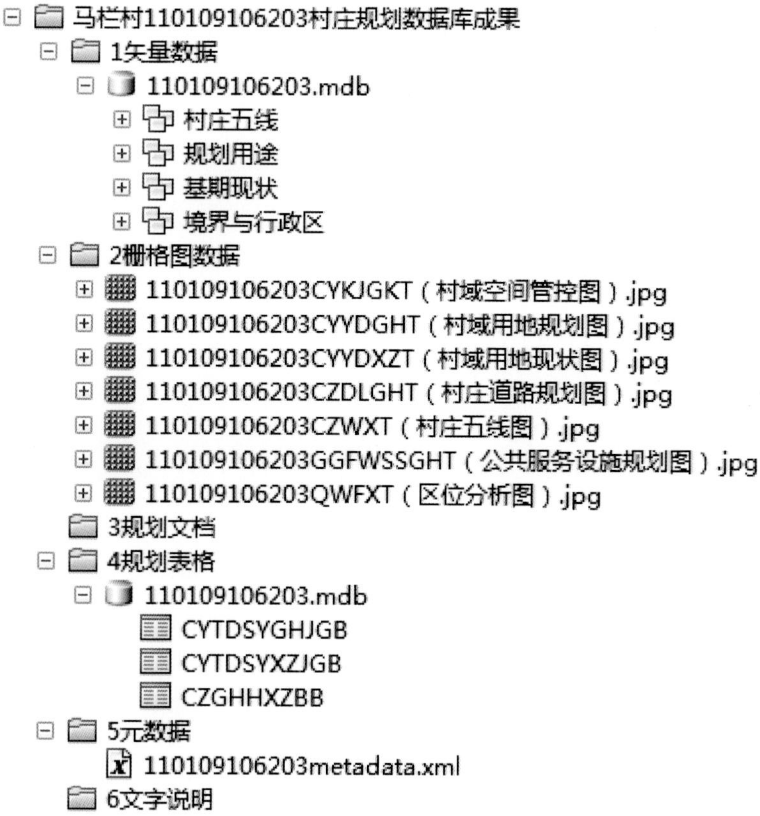

```
□ 📁 马栏村110109106203村庄规划数据库成果
   □ 📁 1矢量数据
      □ 🗄 110109106203.mdb
         ⊞ 🗗 村庄五线
         ⊞ 🗗 规划用途
         ⊞ 🗗 基期现状
         ⊞ 🗗 境界与行政区
   □ 📁 2栅格图数据
      ⊞ 🎞 110109106203CYKJGKT（村域空间管控图）.jpg
      ⊞ 🎞 110109106203CYYDGHT（村域用地规划图）.jpg
      ⊞ 🎞 110109106203CYYDXZT（村域用地现状图）.jpg
      ⊞ 🎞 110109106203CZDLGHT（村庄道路规划图）.jpg
      ⊞ 🎞 110109106203CZWXT（村庄五线图）.jpg
      ⊞ 🎞 110109106203GGFWSSGHT（公共服务设施规划图）.jpg
      ⊞ 🎞 110109106203QWFXT（区位分析图）.jpg
   📁 3规划文档
   □ 📁 4规划表格
      □ 🗄 110109106203.mdb
         🏷 CYTDSYGHJGB
         🏷 CYTDSYXZJGB
         🏷 CZGHHXZBB
   □ 📁 5元数据
      📄 110109106203metadata.xml
   📁 6文字说明
```

图 6-9　马栏村村庄
规划数据库成果内容

第五节　规划思考

　　本章节以北京市门头沟区马栏村村庄规划为例，对国土空间规划背景下的村庄规划进行了一些初步探索，在落实北京市村庄规划要求的同时，积极探索创新规划手段，力求提出贴合马栏村现状并加速推进马栏村发展的实用性村庄规划。

　　新时期，适应国土空间规划体系变革，是实用性村庄规划发展的重要方向。在现行体制下，乡村发展破除制约"三农"问题的约束，实现乡村振兴，应深入研究国土空间规划体系新的要求，积极破除部门限制，实现"多规合一"管理；集约节约利用土地资源，强化底线管理，加强生态建设；保护传统风貌，传承村庄文化；强化信息化管理，逐步建立国土空间基础信息平台，提高管控精准度和高效化。

第七章 北京市顺义区沮沟村村庄规划

第一节 规划背景

2017 年，习近平总书记在党的十九大报告中明确提出"打造共建共治共享的社会治理格局"。2018 年《乡村振兴战略规划（2018—2022 年）》提出，"社会治理的基础在基层，薄弱环节在乡村。乡村振兴，治理有效是基础……有利于打造共建共治共享的现代社会治理格局"。2019 年住房城乡建设部组织开展"城乡人居环境建设和整治中开展美好环境与幸福生活共同缔造"活动，将人居环境建设与社会治理结合，提出共同缔造理念，并在全国选取村庄开展试点，并取得了积极成效。如广东云浮贯彻共谋、共建、共管、共享理念，通过"三规合一"空间整合各类规划，以"三网融合"为平台推进公众参与提高公共服务水平。厦门提出了社区为基础，群众为主体，通过奖励优秀等方式激发群众参与，凝聚群众共识，完善群众参与决策机制，创造了"厦门模式"。

传统的村庄规划建设主要采用自上而下的管理模式，由政府制定发展目标并层层分解落实，长期以来，农民游离于决策和实施过程之外，消极被动地接受政府安排。村庄规划建设过程中，长期存在村民参与度低，规划设计脱离农村实际，规划指导性、操作性不强，实施效果不佳等问题。

第二节 村庄概况

一、发展特征

沮沟村位于北京市顺义区李桥镇东部，潮白河沿岸，并位于潮白河堤内（图 7-1）。距离首都机场约 15 千米，距离顺义城区 15 千米。2018 年，沮沟村共有 300 户，常住人口 810 人，村内劳动力主要在顺义城区和空港产业园及附近工厂工作，兼业村内农业种植。

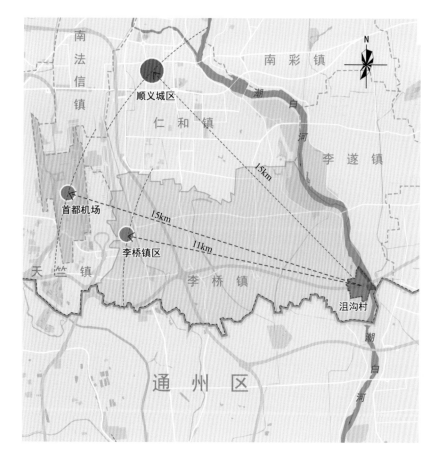

图 7-1　沮沟村区
位图

二、整体风貌

　　沮沟村和大多数华北平原的村庄类似，村内常住人口较多，集中建设区平面布局接近圆形，民居建筑多为平房，中间为堂屋，东西两侧为卧室的合院式布置形式。经过历次村庄风貌整治后，一部分建筑外墙粉刷为白色，其他建筑外墙未经粉刷或涂料脱落，街巷景观环境较为杂乱。部分村民于道路两侧种植蔬果、玉米等农作物，有着较为浓重的乡土生活气息（图 7-2）。

三、产业结构

　　村内产业发展以农业、畜牧业等第一产业为主，兼有工业设备制造企业，但制造业规模较小。农作物种植品种主要包括玉米、梨、苹果，蔬菜等，养殖家禽牲畜类型主要包括鸡、牛、羊等。村内服务业尚处于初级阶段，尚未产生规模效益。随着空港产业园区、顺义城区及周边二、三产业快速发展，沮沟村原有的就业模式受到冲

图 7-2 街巷风貌
现状

击。村民由原来农业种植为主,逐步转变为以周边打工,从事二、三产业为主,以兼业村内农业种植为辅。

(a)   (b)

四、服务设施

在 2017 年版《李桥镇土地利用总体规划(2006—2020 年)》中,沮沟村列为拆迁村庄的定位,村内基础设施、公共服务设施缺乏必要的投入和维护资金,村庄长期维持一个较低层次的基础设施及公共服务设施水平。

五、道路交通

图 7-3 农作物"沿
街绿化"

村内主次道路均已硬化,道路断面均为一块板形式,路宽 3~6 米不等,但因年久失修,部分路段质量较差。部分巷道尚未实现硬化,宽度为 2~3 米,且多为尽端入户道路。道路两侧缺少景观绿化,村民于道路两侧空闲地上种植玉米、蔬菜等农作物(图 7-3)。

第三节　创新方法

一、创新景观塑造方式

依托潮白河生态景观资源和 T3 艺术园区的优势，打造生态友好型涂鸦艺术村落。完善沮沟村服务设施配套，吸引联合艺术家团队入驻，并动员村民参与，举办艺术宣传活动，联合艺术家入村开展墙体彩绘艺术创作，并参与乡村振兴的建设。以新型农业为支撑，打造"农业＋"的产业发展模式。

二、创新产业经营方式

以农业合作社为主体，规范农业种植标准，实现农业规模化生产。利用农业＋互联网平台，采用"超市＋农业合作社＋农户"的农超对接模式，实现农业订单式生产。整合现有农业企业资源，延伸蔬果采摘产业链条，拓展旅游产品体系。发挥潮白河生态优势，建设滨水步道和越野项目，拓展艺术涂鸦旅游项目，完善旅游配套设施，构建"农业＋旅游"的发展模式。

三、传承乡村聚落景观

基于乡愁理念视角，保护和传承乡村聚落景观。保留沮沟村在宅前屋后的空闲地种植蔬菜和农作物的"传统"，对种植作物类型加以引导，营造出三季见绿的景观环境；引导村民对村内闲置地加以利用，见缝插绿，并修复破损花池和改造过宽散水台，丰富景观层次；引导庭院绿化种植方式改造，清理院内杂草杂物，种植蔬菜、瓜果等经济作物，美化院内环境。

四、共同缔造美丽乡村

通过政府、规划师、艺术家、村民四方协同规划建设，打造艺术家群体和村集体相结合的共谋、共建、共管、共享、共评的共同缔造模式，进一步扩大"乡村振兴、共同缔造"理念，实现沮沟村乡村振兴协同发展。

第四节　规划重点

一、明确村庄发展方向，统一思想凝聚人心

开展实用性的村庄规划，核心是解决村集体、村民积极性不高的

问题。长期以来，村集体和村民消极对待村庄建设发展，主要原因来自于沮沟村被列入拆迁计划，但长期得不到实施，村庄发展方向不明确。因此，明确发展方向对开展村庄规划、调动村集体和村民积极性具有重要的意义。为解决村庄发展方向问题，一是要与有关政府部门深入沟通，明确了短期内沮沟村拆迁工作难以实施的现实情况，确定了在一定时期内，可作为保留村进行规划。二是对周边发展方向进行客观判断，地处北京郊区，紧邻首都机场和顺义城区的区位条件，现在村民已经以从事第二、三产业为主，逐步城镇化是未来发展方向，未来城镇化程度将进一步提升，沮沟村可作为农村居民社区建设。三是地处潮白河沿岸，景观资源良好，具备一定发展乡村旅游条件，但缺乏必要的建设用地条件、外部人才和资金引入，实施难度较大。在上述三方面定位基础上，制定了村庄发展策略：一是提升人居环境，将沮沟村作为农村居住社区规划建设；二是积极对接资源，强化村民技能培训；三是积极引进外部资源，提高知名度，适当发展设施农业、乡村旅游。

二、构建共同缔造组织体系，发挥多方优势

共同缔造的核心是构建政府、市场、社会协同推进的组织体系，搭建社会参与平台，明确各方职责和利益机制，发挥多方优势，共同推进村庄规划建设。在沮沟村规划建设实践过程中，着力构建以沮沟村集体为主导，村民为主体，政府通过引导、支持，社会参与的共同缔造组织体模式。并利用成果展览展示、新媒体等多渠道广泛宣传乡村振兴相关政策和规划建设实践，营造良好社会氛围，凝聚乡村振兴强大合力。

一是明确村集体的主导作用，村民的主体地位。通过与村干部的深入沟通，模式与案例讲解等方式，引导村干部了解在村庄规划建设中村集体的作用，增强其积极性和责任感，淡化"等、靠、要"的思想。树立村庄规划建设是以村民为主体的共同认知，发挥村民在规划中的意见表达、决策参与、参与行动、利益共享的积极性和主动性。二是政府通过政策和资金积极引导和支持。规划和自然资源局联合农业农村局、水务局、园林绿化局等通过规划联审，将村庄规划与部门政策对接，各部门财政投入支持改造村庄环境整治、上下水改造、厕所改造提升等。三是统筹谋划开展现代农业、乡村旅游等资源调查、发展方向判断和招商引资等工作，积极引入企业参与开发村内闲置资源，发展传统产业。四是积极对接北京 T3 国际艺术园区的艺术家等艺术团队，广泛链接社会资源，成立北京牛昶国际文化交流中心，

组织村庄艺术创作的平台，吸引国内外艺术家及美院师生入村进行墙体彩绘、园林景观艺术创作，营造村庄艺术氛围（图7-4）。

图7-4 村内景观塑造及墙体彩绘

三、多种方式调动积极性，突出村民主体地位

共同缔造村庄规划建设调动村集体和村民的积极性是关键。在沮沟村规划建设实践过程中，一是加强组织动员。通过组织村民代表大会宣讲、规划方案公示等方式，让村干部和村民了解到，村庄发展方向、人居环境整治改造、产业发展等关系到每个人的切身利益（图7-5、图7-6）。二是通过规划师驻村，调查问卷、深入访谈等方式，与村干部、村民深入沟通听取意见，并落实到规划中，从而极大地调动了村民参与的积极性。三是制作"接地气"的规划成果。以往规划专业语言影响了村民参与的积极性，本次规划，特意制作了村庄整体建设效果图、节点改造对比效果图，还编制了通俗易懂的规划手册，形象地把村庄发展方向、村庄建设内容和整治后效果呈现出来，提高了村民参与热情。

四、规划师全过程服务，深度参与村庄规划实践

在接到沮沟村规划任务后，中国建筑设计研究院组织规划、建筑、景观3个专业12名设计人员成立工作小组，全过程开展共同缔造规划建设工作。一是通过驻村，与顺义区有关部门、李桥镇政府、沮沟村村干部及村民代表紧密沟通，了解顺义区、李桥镇主要政策和技术要求及沮沟村发展存在问题，明确规划发展方向和规划重点。二是谋划建立共同缔造组织体系，并协调政府、村集体、企业及社会资源等各方利益，确

保组织体系运转。三是开展宣讲工作，强化村集体和村民村庄规划建设的"主人翁"意识，积极参与村庄规划建设。四是村民诉求转化为专业语言纳入村庄规划，将规划语言形象化地传递给村民。通过全过程服务，深度参与村庄规划实践，有效地推动了共同缔造进程，调动了村集体和村民积极性，协调了各方参与，为村庄规划建设提供了有力保障（图7-7）。

图7-5 规划师在村民代表大会宣讲

图7-6 沮沟村规划主要内容公示栏

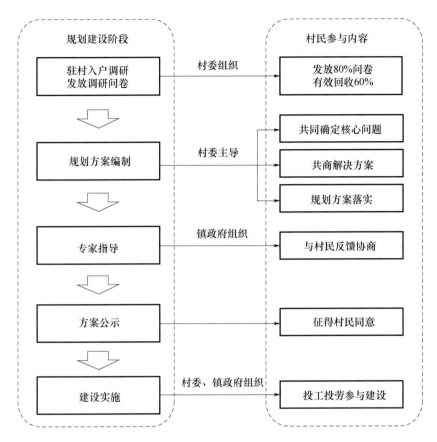

图 7-7　规划流程图

五、动员社会力量参与，增强村庄发展活力

　　社会力量是共同缔造村庄规划建设中的新生力量。在沮沟村规划建设实践过程中，一是充分利用背景艺术资源优势搭建平台。规划团队推动村委会联合 T3 艺术园区的艺术家组建北京牛昶国际文化交流中心，一方面为国内外艺术家及美院学生提供参与村庄艺术创作的平台，另一方面为村庄人居环境改善提供支持。国内外艺术家与村民在村内，利用建筑物、构筑物，共同创作墙体彩绘、涂鸦、景观艺术作品等，并以画展、艺术展、网络媒体的方式进行宣传，有效地宣传了沮沟村乡村建设，为乡村旅游发展奠定了基础（图 7-8、图 7-9）。二是梳理和盘活沮沟村乡村资源，吸引农业企业、旅游开发企业参与，通过"村企合作开发""PPP 模式"等方式参与乡村建设。其中，村集体联合北京民生牧业股份有限公司入村建厂，主营鲜蛋销售、预混合饲料加工生产等，有效地带动了村庄产业发展。

图7-8 村民、规划师、艺术家合影

图7-9 国内外画家办展参与村庄宣传

六、产业发展内外兼修，壮大村集体经济

产业发展的目的是增加农民收入，改善村民生活水平。就村庄产业发展而言，难以有效形成强有力带动就业能力的产业和产业体系，深入研究区域特色向外寻求发展机会，是最重要的出路。就沮沟村而言，地处北京郊区，紧临空港经济区和顺义城区，村民主要收入来源为就近从事二、三产业，应继续强化村民职业能力培训，深入参与到周边非农产业就业中，才能有效增加农民收入。二是盘活沮沟村有

限的村庄建设用地、村民住宅、农用地及潮白河沿岸景观资源等乡村资源，引入合适的开发企业，发展现代农业和乡村旅游，增加村集体收入。在实践过程中，规划团队将北京牛昶国际文化交流中心引入，结合村内及周边资源初步塑造了以采摘、艺术体验、滨水旅游等功能为一体的艺术涂鸦旅游乡村的发展方向（图7-10）。下一步，依托北京客源优势，通过吸引社会资本投入发展文化旅游产业，村集体经济组织与文化旅游企业联合成立旅游开发股份公司，继续强化生态友好型涂鸦艺术村落的发展定位，发展特色乡村旅游，增加村集体收入。

(a)

(b)

图 7-10　村庄公共服务设施改造示意

第五节　规划思考

在当今仍然以城镇化为主线的城乡社会发展进程中，乡村地区人口、资源等要素不断流向城市，导致乡村逐步衰落。政府主导的村庄规划建设，一直存在着村庄覆盖面低、投入力度小、缺乏长效管控机制等问题，也导致村集体、村民参与村庄建设和发展的积极性不高，社会资本等不愿投入乡村建设。当前，我国仍有大量农民居住在农村，加大对农村人居环境改善，提高农村居民生活质量，为振兴乡村、实现小康社会献计献策。共同缔造理念的村庄规划建设，旨在建立多方参与的组织体系，激发村集体和村民的积极性和创造性，通过规划引领，动员社会力量参与，积极发展乡村产业，实现乡村发展的"造血机制"。通过沮沟村规划实践，我们对共同缔造模式进行了尝试，虽然投入很多，也取得了一定的积极意义，但是要改变长期固有的机制、观念、行动和利益机制，需要更多的努力和探索。

第八章 河北省宽城县花溪城周边村庄整治规划设计

第一节 规划背景

一、农村人居环境整治

2013 年 5 月，习近平总书记就改善农村人居环境作出重要指示，全国各省（区、市）均成立了由省级负责同志挂帅的农村人居环境整治工作领导小组。2018 年 2 月，中共中央办公厅、国务院办公厅印发了《农村人居环境整治三年行动方案》，该方案提出到 2020 年实现农村人居环境明显改善的目标。随即河北省委办公厅、省政府办公厅印发了《河北省农村人居环境整治三年行动实施方案（2018—2020 年）》，提出到 2020 年，全省农村人居环境明显改观，基本形成与全面建成小康社会相适应的农村垃圾污水、卫生厕所、村容村貌治理体系，村庄环境干净整洁有序，长效管护机制基本建立，农民环境卫生意识普遍增强。

二、花溪城旅游产业发展

承德市未来游客市场主要承接北京、天津、唐山、秦皇岛等周边城市，依据《宽城满族自治县旅游发展规划》及《宽城县休闲旅游区总体规划》，宽城预计年游客量将超过 360 万人次，潜在旅游市场巨大。

宽城花溪城水上乐园项目正式入选河北旅游十大投资项目，为化皮镇旅游发展带来契机。花溪城水上乐园项目部分项目已建成投入运营，吸引了大量外来游客，旅游辐射带动效应明显。项目全部建成运营之后，日接待游客能力超万人，可直接安排就业 1500 人，间接带动周边就业可达万人以上，花溪城的旅游产业发展的定位也对周边人居环境提出更高要求。

三、特色小镇建设要求

2017 年 8 月，住房城乡建设部公示全国第二批 276 个国家级特色小镇（名单），其中化皮镇在产业类型为旅游业发展特色小镇。第二批全国特色小镇专家评审意见"加强老镇区功能提升和环境整治"，对特色小镇周边农村人居环境提出整治要求。

第二节　村庄概况

一、区位情况

宽城满族自治县位于承德市东南部，东与辽宁接壤，西与北京、天津相邻，北与平泉和承德相连，南面隔长城与秦皇岛和唐山市相邻。化皮溜子镇位于宽城满族自治县的西北部，镇政府驻地距宽城县中心城区 10 千米，镇域面积 60 平方千米，辖 6 个行政村，人口约 1 万人。承秦出海公路（S251）是化皮溜子镇主要对外联系的道路，承秦高速南北可至秦皇岛、承德（图 8-1）。

图 8-1 化皮溜子镇
区位图

二、用地现状

本项目设计范围主要包括花溪城水上乐园周边的马家沟门、搬迁九组、姚家漫子三个村庄及道路沿线景观设计。用地上呈现出由三个村庄、一处污水处理厂、瀑河将花溪城水乐园包围的态势（图8-2）。

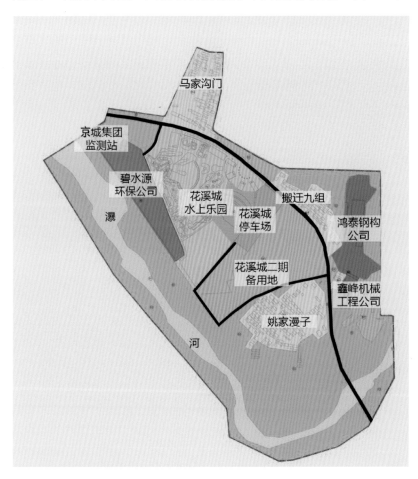

图8-2　用地现状图

三、道路交通

承秦出海路是连接承德及秦皇岛的交通性道路（图8-3）。出海路上行驶的车辆类型较为复杂，包括货运车辆、客运车辆、农用机车、电动车等，对道路两侧商业活动有一定的负面影响。三个村庄内部路网体系尚不完善，断头路、畸形路口较多，主次道路连通性有待提升。

四、风貌现状

花溪城整体展现出精致的欧洲风格，建筑细部构件雕饰较为细腻，展现出富丽堂皇的特点。周边村庄内部多为实用性较强的民居建筑，不注重建筑雕饰，整体感觉较为厚重（图8-4）。村庄建设缺少风貌引导，建筑风格不甚统一，传统、现代风格建筑混杂。

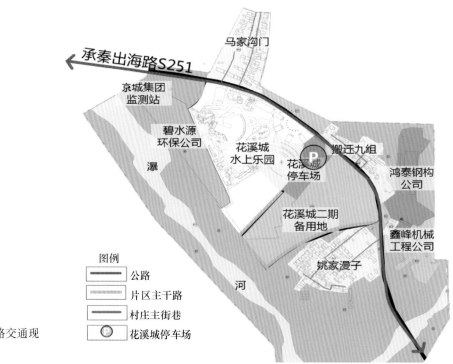

图8-3 道路交通现状图

图例
— 公路
— 片区主干路
— 村庄主街巷
P 花溪城停车场

(a)

(b)

图8-4 景区与周边村庄风貌对比

第三节 创新方法

一、满族文化传承

　　如何更好地推动满族文化的传承与发展，使其在新形势下经济社会发展凸显文化引导价值，是化皮镇村庄整治规划需要考虑的重点内容之一。在民居改造方面，充分研究当地建筑风格文化元素，延续满族传统建筑风格，通过粉刷建筑外墙，增设红砖包边及修缮

"跨海烟囱"等方式进行民居建筑改造。景观广场内选用索伦杆（满族祭天所用）、大酱缸、满族文化墙等作为景观小品，体现满族文化特征。定期组织剪纸竞赛、满族寿宴、满族特色运动等传统文化活动，传承满族非物质文化遗产。

二、注重乡土特色

在建筑建造、改造选材方面，强调"就地取材、循环使用性"的原则，保留和传承乡土特色。建筑改造及景观节点打造时，选用当地土、木、石等建筑材料，保留石磨、石碾、大酱缸等代表乡土元素的物件，并在景观打造上加以利用，通过材料组合手法，结合现代工艺来满足建设标准。此外，在村庄整体风貌塑造中注重与村外的田园景观进行互动，实现乡土景观与人文景观的相互协调。

三、规划注重实施

规划立足于花溪城周边村庄的实际情况，方案设计较为深入，并且通过施工指导配合保证后续建设，使规划设计方案落实情况较好。规划中涉及的建筑材料多为当地石材及木材，绿化树种选用乡土植物，利用石磨、石槽、陶罐等废弃物，节省资金投入的同时最大程度地保留了乡土文化特色。

第四节　规划重点

一、总体布局优化

1. 整合空间与功能

坚持以旅游产业功能创新要素配置的方式，着眼于旅游产业发展，优化花溪城周边村庄空间布局，促进乡村振兴。一并考虑花溪城水乐园发展与周边村庄建设，产业发展与村庄发展相融合，推进旅游产业高质量发展，为村庄发展奠定基础。注重商业、景观、村庄、停车等多种功能用地空间布局方式，使乡村建设、水上乐园、绿地景观互相促进、相得益彰，提升花溪城周边整体风貌（图8-5）。

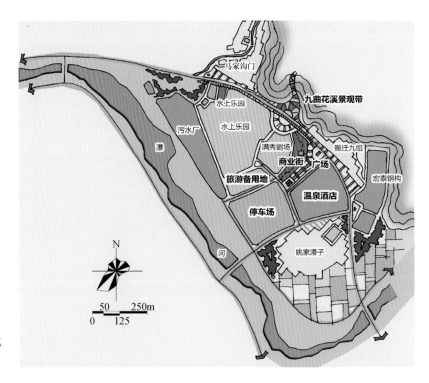

图 8-5 用地布局优
化方案

2. 优化道路交通体系

科学设置花溪城水乐园周边建设用地建设时序，深挖空间资源，阶段性建设停车区域，增加停车泊位，解决园区周边停车需求，缓解道路交通压力。由于花溪城周边交通线路较为复杂，规划中设计了旅游交通线路，环形旅游线路自成系统，串联各个节点设施，减少对外部交通的干扰。提升花溪城周边村庄道路通行能力，完善村庄交通路网。推进既有乡村公路提级改造，加大农村公路养护力度，提高公路通达通畅深度，增强镇区、景区对村庄的辐射带动能力。

3. 彰显地域文化特色

村庄地域文化特色主要在村庄整体风貌中体现，规划从村庄整体格局、街巷肌理、公共空间、建筑改造四个方面进行管控。在规划设计中注重对原有村庄格局、街巷肌理的保护，结合周边自然环境，打造景观廊道及生态绿地。在建筑改造方面，按照建筑建成时代、使用功能、保留价值等将村内建筑分类进行引导。多数民居建筑采取房屋外墙粉刷的方式，统一屋顶形式、色彩及材质，部分传统建筑及公共建筑进行单独设计，实现村庄整体风貌协调的同时与花溪城景区的游乐性构筑物相互协调。

4. 完善旅游服务设施

一方面，优化提升花溪城周边旅游服务设施。以现有宾馆、农家院、超市、商店等服务设施为基础，优化花溪城周边旅游服务用地格局，引导部分服务设施进村，改造利用现状空置农房和老建筑，发展特色民宿、餐饮等旅游配套设施，整体打造旅游特色村庄。

另一方面，提升村庄公共服务品质。依托花溪城水乐园带来的发展契机，在服务旅游业发展的同时，带动周边村庄从普通农村升级为旅游区内的社区居民点。体现"共享"发展理念，增加文化、体育、医疗卫生等公共服务设施，为村民提供培训、休闲、就医等场所，提升村民综合素质。增加的服务设施，不仅可以为村民提供公共服务，在旅游旺季也可供游客使用，起到分担花溪城旅游服务压力的作用。

二、村庄整治设计

1. 农房建筑改造

综合现状建筑质量、建筑风貌及规划区性质，采取保留、改造、拆建等方式对现有建筑进行提档升级。乡镇工作人员及设计人员现场踏勘调查后，对花溪城周边村内 219 户农房的现状及整治模式进行整理，形成农房档案，便于今后管理。其中，保留类建筑共计 18 处，改造类建筑共计 189 处，拆建类建筑共计 12 处，规划对其分类进行改造引导。

保留类建筑——建筑质量较好，建筑立面与村庄整体风貌相协调的建筑。规划对其进行保留，部分破损、开裂的墙面、围墙等进行修补，建议院内增加绿化和场地铺装，丰富院落景观环境（图 8-6）。

图 8-6 村内保留建筑

改造类建筑——建筑质量一般，建筑风貌与村庄整体风貌不相协调的建筑，对建筑构件进行修缮处理。若建筑风格为传统建筑，则按照传统样式进行适当整饰，若为现代建筑，则对其建筑墙体、屋面、门窗等进行整饰，院墙墙裙处贴仿石材面砖，加装墙头装饰瓦，与村庄整体风貌相融合（图8-7）。

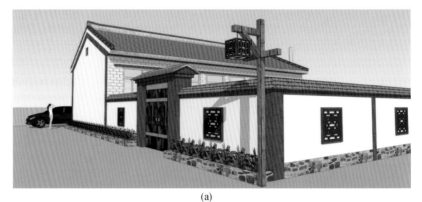

(a)

(b)

图8-7 根据不同民宅情况进行改造设计

拆建类建筑——建筑质量、建筑外观评价为中、差等级的建筑，占用农田、林地等非建设用地的违章建筑。根据用地性质进行分类处理，土地使用性质为宅基地的，对其进行拆除重建或改造为村庄公共活动广场、公共服务设施等用途。土地使用性质为农用地等非建设用地的，对其进行拆除处理。

2. 公共环境塑造

梳理村内开敞空间、违章建设用地、低效闲置用地，明确公共空间底数，根据村庄游览线路、村民活动范围、村庄空间格局等功能需求提出村内公共活动场所用地布局及发展策略。加强村旁、宅旁、水旁、路旁、院内以及闲置地块的绿化美化工作，打造人与自然和谐共生的生态环境（图8-8）。在公共空间打造过程中，注重保留利用石磨、石碾、农具、大酱缸等能代表乡土元素的物件，并在景观打造上加以利用。在村庄景观塑造过程中，注重与村外田园景观进行互动，实现乡土景观与人文景观的相互协调。

图 8-8　村内游园改造设计

3. 公共设施提升

村内现有幼儿园、小学、文化活动中心、市场等公共服务设施，对提升村民生活质量起到了积极作用。但随着花溪城景区的入驻，游客及商户的增加，也显现出村内公共服务设施种类单一、服务人群单一、缺少旅游功能等弊端，村民、商户、游客的互动体验感较低，公共服务设施使用率不高等问题开始逐渐显现。规划从公共设施的多样性及复合型的角度出发，满足不同使用者的需求，提高服务品质。公共建筑选址时尽量与公共活动场地相关联，利用村内闲置农房、空闲地建设文化活动室、卫生室等服务设施，缓解景区内供需关系不平衡的问题。结合村庄入口和主要道路，设置机动车集中停放场地，减少机动车进入村内对村民生活产生干扰。拆除露天垃圾池，增设垃圾收集亭、可卸式垃圾箱及公共厕所，完善村内环卫配套设施。

三、景观设计引导

1. 沿路景观界面设计

1）建筑外观

根据现状建筑特点进行分类改造指引，现状已贴白色面砖的建筑，建议保留原外观，定期进行墙面瓷砖清理。外墙面为粉刷涂料或未经美化处理过的建筑，建议统一建筑外墙面颜色，以白色为主色调，辅以红色作为装饰色。墙裙采用仿石材贴砖，体现当地满族传统建筑特点。沿街建筑院墙增加压檐瓦，并对院落大门提出改造措施（图8-9）。

图8-9 沿街立面改造设计

(a)　　　　　　　　　　　　　　　(b)

2）广告牌匾

花溪城周边商业多集中在临近景区的主要道路两侧，以水上运动设备、餐饮、住宿为主，店铺牌匾并未形成统一样式，由于牌匾数量较少，尚未对村庄形象产生较大影响。但考虑到村庄未来商业发展，规划对商业牌匾进行统一设计。

3）景观环境

因地制宜地选用当地河光石作为沿街花坛砌筑的主要材料，减少项目建设投资成本，并且与村庄风貌相互协调。增加沿街建筑院落铺装，明确院落空间与街道空间的边界。在植物配置方面，强调"适地适树"的原则，选择符合当地气候生态型及土壤生态型的树木种类，确保植被存活率。店铺门前花坛以小灌木为主，沿路花坛中采用乔灌草搭配的方式，丰富景观色彩。沿路增加景观灯及旅游宣传牌，结合花坛分段增设座椅，增设村庄入口标识（图8-10）。

2. 公共景观节点设计

对承秦出海路两侧未利用的裸露空间加以设计利用，增设公园广场、小游园等公共开放空间，为村民及游客提供休息场所。具体措施包括场地平整、清理整修现状排水沟及碎石、增加场地硬化铺装、增加绿化植被、增设景观灯、增设景观小品等设施，丰富公共景观节点效果（图8-11、图8-12）。

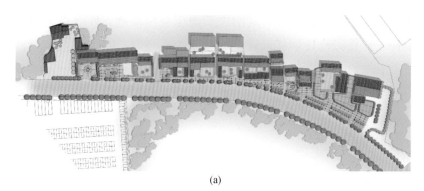

(a)

(b)

图 8-10 沿路景观界面改造平面示意图

图 8-11 沿路景观节点设计效果图

图 8-12 沿路花海节点设计效果图

(a)

(b)

3. 各类专项设计引导

1）路面铺装

对于已硬化的街巷，应保留现有硬化，根据实际情况适当进行修补。未硬化的街巷，建议使用水泥或沥青路面硬化。场地铺装优先考虑选用当地适用的卵石、片石等天然材料，体现乡土性、生态性和经济性。

2）路灯选型

景观照明式路灯建议采用节能式路灯，单侧布置在主要街巷、路口、广场入口等位置。公园广场内景观灯宜体现地域特色，照明强度不宜过高，起到安全性照明和点缀性照明的效果即可（图 8-13）。

图 8-13 沿路景观路灯设计

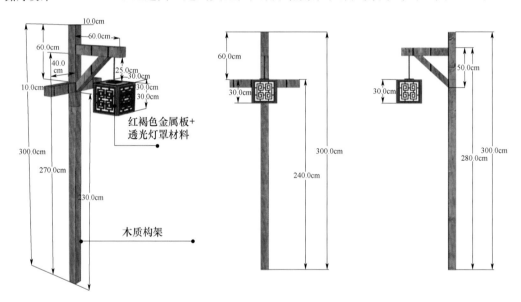

3）花池座椅

就地取材，优先考虑选用当地石、砖等材质砌筑花坛花池。选用仿木篱笆围合村内菜地及小块农用地，突出田园特色（图 8-14）。结合功能需求，在石砌、砖砌花坛顶部加设木质户外座椅，方便村民及游客使用。不便设置固定花坛的区域，可采用移动式木质立体绿化箱进行场地景观绿化。

4）景观小品

景观构筑物主要包括景观亭、景观墙、景观廊架等设施。景观小品的置入需要满足"功能性、艺术性、文化性、生态性、人性化、创造性"六大原则，强调以人文本的设计，通过设置小尺度的景观小品，满足不同类型的功能需求。鼓励结合公共广场设置文化宣传栏、室外座椅、健身器材、篮球场等设施，丰富村民日常生活。

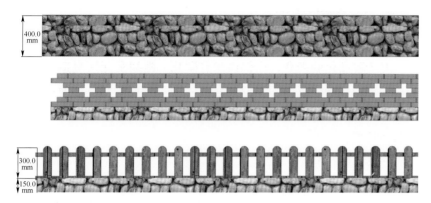

图 8-14　矮墙、篱笆设计

第五节　实施效果

（1）经济效益

整治改造的村庄位于化皮镇的门户区域，紧邻县重点旅游项目——花溪城水上乐园。村庄人居环境得以改造提升后，有效地改善了花溪城周边村庄整体风貌，提升了游客游玩体验，促进了乡镇旅游产业发展。因地制宜，就地取材，优先选用当地石材、木材、砖瓦等材料的设计手法，既降低了改造成本，改善了村庄居住环境，也体现了当地文化特色，避免"千村一面"。

（2）实施效果

花溪城周边村庄整治规划设计项目得到了专家和乡镇领导的高度认可，顺利通过评审。在乡镇政府领导的指导支持下，花溪城周边村庄整治工程顺利竣工，实施情况与设计方案基本吻合，较好地落实了规划意图，改善了化皮镇整体风貌（图 8-15、图 8-16）。

图 8-15　村庄民居街巷设计及实施效果

图 **8-16** 村庄公共空间设计及实施效果

第九章　山东省临邑县县域村庄布点规划

第一节　规划背景

一、国家政策背景

1. 乡村振兴战略为临邑县乡村发展带来新的机遇

实施乡村振兴战略，是党的十九大作出的重大决策部署，在我国"三农"发展进程中具有划时代的里程碑意义。2018 年 9 月，中共中央、国务院印发了《乡村振兴战略规划（2018—2022 年）》，对实施乡村振兴战略第一个五年工作作出具体部署，将乡村振兴战略深入到实施层面。

《乡村振兴战略规划（2018—2022 年）》，按照产业兴旺、生态宜居、乡风文明、治理有效、生活富裕的总要求，对实施乡村振兴战略作出阶段性谋划，分别明确至 2020 年全面建成小康社会和 2022 年召开党的二十大时的目标任务，细化实化工作重点和政策措施，部署重大工程、重大计划、重大行动，确保乡村振兴战略落实落地，是指导各地区各部门分类有序推进乡村振兴的重要依据。

2. 改善农村人居环境有效引领临邑县新农村建设工作

党中央和国务院高度重视推进农村基础设施建设和城乡基本公共服务均等化、改善农村人居环境工作。2014 年 5 月，国务院办公厅出台《国务院办公厅关于改善农村人居环境的指导意见》，该意见提出了全面改善农村生产生活条件的总体要求。2018 年 2 月 5 日，《农村人居环境整治三年行动方案》正式公布，提出到 2020 年，实现农村人居环境明显改善，村庄环境基本干净整洁有序，村民环境与健康意识普遍增强的目标。

二、山东省政策背景

1. 山东省乡村振兴战略为临邑县乡村发展指明方向

山东省积极实施乡村振兴战略，落实乡村振兴相关要求和政策。2018年5月，山东省委、省政府印发了《山东省乡村振兴战略规划（2018—2022年）》《山东省推动乡村产业振兴工作方案》《山东省推动乡村人才振兴工作方案》等五个方案，为山东省做好乡村振兴工作指明了前进方向和实施路径。规划到2022年，全省生态宜居美丽乡村取得重要突破，30%的村庄基本实现农业农村现代化。临邑县积极打造乡村振兴的临邑品牌，推进"两区同建"工作有序开展，并确定了临盘街道前杨村、临邑镇后庞村、东苏庙村，林子镇小庞村，孟寺镇枣园村5个村庄为示范村，积极落实乡村振兴示范村创建工作。

2. 山东省改善农村人居环境政策有效引导临邑县村庄建设和治理

山东省深入推进改善农村人居环境建设工作。2015年10月，山东省住房城乡建设厅发布了《山东省改善农村人居环境规划（2015—2020年）》，全方位指导农村人居环境改善工作，并逐步引导村庄人口向社区聚集。按照规划要求，山东省到2020年年底实现村庄规划全覆盖。该规划将全省村庄人居环境改善标准定为达标村、示范村和宜居村等三个层次。

2018年7月，为落实改善农村人居环境，深入实施乡村振兴战略重要任务，山东省委办公厅、省政府办公厅印发了《山东省农村人居环境整治三年行动实施方案》，要求到2020年，全省农村人居环境明显改善，实施乡村振兴战略取得重要阶段性成效，并在三年内通过争取国家支持、省市县财政、政府债券等方式多渠道筹集建设资金。

三、德州市政策背景

德州市积极落实国家及山东省乡村振兴战略规划相关内容，并于2018年12月印发《德州市乡村振兴战略规划（2018—2022年）》，对实施乡村振兴战略作出总体设计和阶段谋划，有效指导临邑县乡村振兴相关工作。该规划以德州市打造乡村振兴齐鲁样板率先突破区为发展定位，紧密结合德州"三农"发展实际，细化实化工作重点、政策措施、推进机制，有效确保了临邑县乡村振兴工作扎实推进。

该规划为临邑县实施乡村振兴提出了具体要求。在村庄分类上，综合考虑建设形态、居住规模、服务功能和资源禀赋等因素，该规划将村庄分为示范引领型、特色发展型、改造提升型、搬迁整合型四种类型。在发展目标上，到 2020 年，30％左右的村庄（社区）基本实现农业农村现代化；到 2022 年，35％左右的村庄（社区）基本实现农业农村现代化。在产业发展上，临邑县应实现示范推广粮食规模化、集约化生产，发展壮大畜牧水产业和农产品加工业，提高蔬菜产量及品质，发展高端优质蔬菜，促进粮牧互动、农牧结合和效益提升。

第二节 项目概况

一、项目区位

临邑县地理位置优越，具有承东启西通达南北的区位条件。临邑县地处鲁西北平原，隶属山东省德州市，位于德州市东南部，东与商河毗连，西与陵城区、禹城市接壤，南临徒骇河与济阳相接，与县隔河相望，北靠马颊河与乐陵市为邻。临邑县西距德州 50 千米，南距济南 40 千米，地处环渤海经济圈、黄河三角洲、山东半岛蓝色经济区三大国家战略区域，济南都市经济圈与山东省西部隆起带叠加交汇区域，省会城市群经济圈紧密圈层和北部产业转移承接协作区。

二、社会经济

临邑县农业人口规模较大。2016 年临邑县常住人口 53.28 万人，其中乡村人口 25.89 万人；全县户籍总人口 55.07 万人，农业人口 34.91 万人，农业人口占比 63.4％。临邑县农业人口数量在德州市排列第四，规模稍高于周边县市。按照人口城乡结构划分标准，临邑县乡村人口占比 48.6％，属于低城乡型人口结构，部分乡村人口已进入城镇工作和生活，进入明显的人口城镇化状态，同时也产生空心村、空巢家庭和留守儿童，以及农村老龄化加剧等社会问题。农村居民人均收入相对较低，2016 年临邑县城镇居民人均可支配收入 22848 元，农村居民人均可支配收入 12368 元。

临邑县是全国粮食生产先进县、全省现代农业示范区、进京蔬菜准入生产基地，农业经济战略地位重要。2017 年临邑县国内生产总值为 284.35 亿元，其中农业总产值为 33.90 亿元，占比为 11.92%。与德州市其他县市相比，临邑县第一产业生产总值相对较高，在德州市农业经济中排名第三。临邑县农业发展以种植业和牧业为主，两者占农林牧渔业总产值的 89.7%。

乡镇园区经济、新型农业主体发展良好，农民专业合作社、家庭农场、种粮大户等新型农业经营主体也不断发展，通过土地流转、土地托管、土地入股等多种形式发展适度规模经营，为大型农业机械的推广使用提供了机遇。目前全县农民专业合作社 1172 家，家庭农场 167 家，带动土地流转面积达 41.93 万亩。

三、用地布局

1. 村庄土地利用

临邑县在"村庄沉睡资源利用"方面探索起步最早，基本形成"边成带、角成方、坑成塘"的经济效应。通过盘活村内边角地、闲置用地，种植农作物及景观植被，完善村内绿化景观系统的同时实现了村民增收。目前临邑县积极开展土地挖潜工作，村庄闲置用地盘活率达到 61.54%，完成农村建设用地增减挂钩项目 12 批次，共完成拆旧复耕规模达到 524.07 公顷。通过引导企业参与村庄的开发建设，政企互动整合多村"沉睡资源"。

2. 基本农田特征

临邑县是国家级农产品生产区、省高标准农田水利建设示范县，基本农田是临邑县农业生态系统重要组成部分，也是生态文明建设的需要。临邑县县域范围内基本农田分布较广，临邑县现有基本农田保护面积 57591 公顷，占土地总面积的 56.7%，基本农田平均质量等级为 7.31。临邑县基本农田呈集中连片式布局，有助于实现规模化、机械化耕作，提高土地利用效率和粮食生产效率。临邑县基本农田主要分布于农村居民点周边区域，形成村庄开发实体边界。

四、村庄空间分布

1. 村庄形态特征

临邑县村庄形态呈现规则化特征，农村居民点分布相对分散，是典型的平原地区的村庄形态。村庄扩展方向主要分为四周扩展、整合扩展、带状扩展三种类型。其中，四周扩展型村庄是临邑县最普遍的村庄形态，多条村庄主要道路从村内穿过，造成了村庄部分向外延伸的形态，例如郭家集、李佛头、孙王庄等。整合扩展型村庄主要分布在远离城镇、交通干线的平原地区，对外交通道路分布在村庄外围，形成了村内相对均质、闭合、规则的状态，例如孟家、郝家、孙汉服家等。带状扩展型村庄主要分布在重要的交通干线、河流周边，村庄依托道路、河流延伸发展，形成带状的空间形态，例如李官道、夏河沟、宁家楼等。

2. 村庄规模特征

临邑县乡村聚落呈现数量多、小规模的特征。临邑县乡村人口25.89万，共867个村庄。乡村用地规模分布与人口规模分布相似，小规模村庄占主体地位，平均每个村庄的占地面积约0.15平方千米，平均每个村庄的人口约为298人。

第三节　规划思路

一、规划目标

以习近平新时代中国特色社会主义思想为指导，全面贯彻国家、山东省、德州市的乡村振兴战略部署，积极落实国家、山东省改善农村人居环境的各项决策，按照2020年全面建成小康社会和建设社会主义新农村的总体要求，逐步推进临邑县乡村振兴。与上位规划、相关规划衔接，根据临邑县村庄发展现状、经济发展特征和两区同建推进情况，分类推进临邑县村庄发展，合理引导规划村庄体系空间布局。

二、布局原则

1. 因地制宜原则

根据村庄自然环境、发展条件、村庄建设基础等情况，统筹考虑城镇化进程、农业生产需求以及经济发展现状，顺应各类村庄发展演变规律，合理划分村庄类型，针对不同村庄类型提出相应的发展策略。为摸清村庄现状，设计村庄建设情况调查表，发给各村庄填写，在掌握村庄基本情况的基础上对其进行合理分类。

2. 集聚发展原则

根据乡镇政府对村庄发展的未来规划，结合村庄发展的实际情况，将人口规模小、距镇区和园区较近、交通不便的村庄进行撤并，划分为搬迁整合性村庄，并统一迁并到镇区或社区。示范引领型村庄应考虑一定的辐射半径，对周边村庄起到一定的引领和带动作用，逐步引导周边村庄居民到示范引领型村庄工作，也可与周边村庄共用基础设施，以减少村庄基础设施投入、利用率较低和用地分散等方面的问题。

3. 保护优先原则

在乡村发展过程中，必须坚持保护优先的原则，积极采取各种措施实现生态环境、历史文化资源的保护与建设，这对于促进乡村协调、可持续发展，实现人与自然和谐共生具有重要意义。临邑县作为生态强县、文化大县，其生态资源和文化资源大部分都在乡村地区，在村庄分类的规划中必须坚持生态优先发展、古村落保护与原生态文化保护优先原则，并根据村庄的特色历史文化资源划分为特色发展型村庄。

4. 整体均衡原则

村庄分类尤其是示范引领型村庄、改造提升型村庄要适应乡村居民点的分布，在县级空间范围内大致达到均衡分布，以利于区域开发。临邑县乡村地区已经走过了脱贫脱困阶段，但经济发展、社会事业和公共服务仍相对滞后，各个村庄之间一定程度上存在不平衡发展现象，与实现乡村振兴发展目标尚有差距。通过合理划分示范引领型村庄、改造提升型村庄，实现村庄发展的均衡分布。

5. 可操作性原则

充分考虑村民的意愿和需求，尊重村内实际情况。针对公众和政府的意愿和要求，合理确定各乡镇内搬迁整合型村庄数量和规模。积极整合村庄优势资源，根据村庄发展潜力划分示范引领型和改造提升型。保护和开发村庄风土人情与文化习俗，合理划分特色发展型村庄。

第四节 规划重点

一、明确空间管制要求

1. 严格管控生态保护红线区

根据《山东省生态保护红线规划（2016—2020 年）》划定的德州市生态保护红线范围，与《临邑县土地利用总体规划（2006—

2020 年）》2017 年确定调整方案衔接，在全县重点生态功能区、生态环境敏感区、脆弱区和禁止开采区等区域划定生态保护红线，实施严格的生态保护制度。全县划定生态保护红线范围 4118 公顷，是全县生态安全控制区和禁止建设区，占土地总面积的 4%。范围包括临邑县利民水库饮用水源地保护区、红坛寺省级森林公园、用于防风固沙和土壤保持的裸地等，范围涉及 3 个乡镇 2 个街道，共 56 个行政村（图 9-1）。

图 9-1 临邑县生态保护红线范围图

2. 划定执行主体功能区要求

贯彻落实《山东省主体功能区规划》功能定位要求，划定临邑县禁止建设区、限制建设区、适宜建设区。临邑县禁止建设区范围包括河流、水库、湿地生态控制区、基本农田保护区、洪灾危险频繁的区域（50 年一遇洪水淹没区）、区域交通、高压线、大型市政设施控制廊道区域。限制建设区范围包括河、湖、湿地建设控制区、水源地二级保护区、一般农田保护区、蓄滞洪区内通过工程设施建设达到抵御 50 年一遇洪水标准的区域。适宜建设区为除禁止建设区和限制建设区各要求要素以外适宜建设的建设区范围。

严格执行对临邑县禁止建设区、限制建设区、适宜建设区的管控要求。禁止建设区管制总体上以保护为主，维护生态质量，严格禁止与生态保护及其修复无关的建设行为进入该区域。在该区域内实施的有关建设项目，需经过严格、公开的审查，实行规划、建设的全程监督。限制建设区管制应按照生态承载容量的要求，严格遵照各项规定与规范，在规定的区域内控制性建设。逐步减少村庄建设规模，引导分散的农村居民点逐步向集中居住区、城镇居住区集中，严格控制在镇区及社区建设区范围之外建设新的居民点。适宜建设区需合理确定开发模式和开发强度，对该区域的建设主要根据当地城乡总体规划的用地布局要求进行。

二、构建"一环、四横、五纵"的乡村生态格局

1. 一环

一环指由城区周边的森林、湿地、水系、环城绿道、城郊农田林网及各类农业基地等构成的环城森林绿廊，是整个县域的绿色生态屏障和生态保护壳。重点改善国省道公路、铁路沿线生态环境，深入推进沿线村庄连片整治，打造一批环境优美的景观道路绿廊，提高村民的生活品质。

第一，打造环城生态绿道。沿绿道建设一定数量的休息驿站和生态公园，形成体现乡村自然风情的生态景观走廊。结合亲水设施安排河流绿化，栽植耐水性较强的乔木和水生花卉，利用河道中原有滩地、沙洲营造生态小岛。第二，加强沿线村庄立面整治和景观设计。促进村庄风貌与生态环境相协调，通过植被、水体、建筑的组合搭配，形成四季有绿、季相分明、层次丰富的绿化景观。第三，加强标识引导。设置相关标识牌，禁止在防护绿带附近倾倒生活垃圾和建筑渣土等。

2. 四横

四横指由马颊河、德惠新河、土马河与徒骇河组成的4条横向河流生态廊道。4条横向河流流经临邑县北部和南部，全部流经乡村地区。重点推进河道清淤、防洪除涝等相关工作，修复和强化水体生态系统的主要功能。

第一，推进河道清淤疏浚工程。积极推进清淤疏浚、引排工程以及小型水源工程建设，疏通河道。重点推进徒骇河、五分干、土马河流域河道清淤工程。第二，加强防洪除涝治理。结合近年来排涝和引水发现的问题，密切关注河势，加强观测，及时加固根石进行防护，制订防洪防汛工作方案，进一步提高防汛除涝能力。重点加强德惠新河流域防洪设施建设，提高防洪标准。第三，

充分发挥河流经济效益。结合临邑县水利发展"十三五"规划和兴隆镇总体规划，在土马河满足行洪排涝能力的前期下，将部分区域打造成一条集行洪排涝、休闲娱乐、文化旅游于一体的综合生态河道。

3. 五纵

五纵指由临禹河、四分干、春风河、三分干与临商河组成的五条纵向河流生态廊道。五条纵向河流贯通临邑县域，并串联四条横向河流，形成全县生态系统的骨架和血液。重点推进疏浚复堤、水系联通、污染治理等工程，恢复县域生态结构和生态功能。

第一，推进疏浚复堤工程。对五条纵向河流及其支流开展清淤工程，及时清除河流有害水生植物、垃圾杂物和漂浮物，消除河道岸边的杂物，切实改善河流沿线农村水环境。第二，推进水系联通工程。规划将徒骇河水通过宿田干沟引入五分干，着力恢复五分干河道功能，打通新老春风河，促进纵向河道与横向河道的水系联通，串联形成县域范围的水系网络。第三，治理河流水污染。重点对老春风河沿岸进行河流水污染治理。规定工业用水定额，提高废水的重复利用率，减少废水和污染物排放量。加强村庄农药化肥、禽畜水产养殖污染控制，推广低毒、低残留、易分解的新型农药，禁止超环境容量养殖和在禁养区域养殖（图 9-2）。

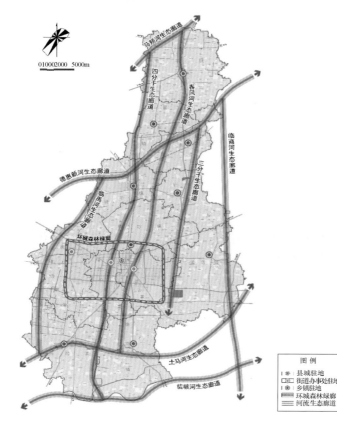

图 9-2 临邑县村庄生态空间格局规划图

三、村庄分类发展方案

在临邑县村庄发展现状的基础上，顺应村庄发展演变规律，分类推进村庄发展，形成点上示范、面上推进、连片发展、整体提升的乡村振兴发展的新格局。坚持用标准化的理念推进美丽乡村建设，全面提高美丽乡村建设的科学水平（图 9-3）。根据国家、山东省及德州市乡村振兴战略规划有关要求，综合考虑建设形态、居住规模、服务功能和资源禀赋等因素，规划将村庄分为示范引领型、特色发展型、改造提升型、搬迁整合型四种类型）（表 9-1）。临邑县共有 867 个村庄，63 个村庄已纳入城区范围，乡村地区共 804 个村庄。共划分为示范引领型村庄 94 个，特色发展型村庄 33 个，改造提升型村庄 360 个和搬迁整合型村庄 317 个（表 9-2）。

图 9-3 临邑县村庄
分类规划图

表 9-1　临邑县村庄类型划分标准

类型	划分标准
示范引领型村庄	1. 有一定人口规模和产业支撑、基础设施和公共设施完善、交通便利的大型村庄或社区 2. 工业园区、农业园区附近发展较好的村庄 3. 已经建设过美丽乡村或农村居民点改造的村庄
特色发展型村庄	1. 有历史文化、古村落遗址等资源的村庄 2. 有特色乡村旅游的村庄
改造提升型村庄	其他普通村庄或社区
搬迁整合型村庄	1. 根据村庄总数的 25% 进行撤并，参考乡镇总规划和临邑县镇村体系规划 2. 主要撤并人口少、离镇区近、园区较近、交通不便的村庄

表 9-2　临邑县村庄分类数量统计表

乡镇	类型				
	示范引领型村庄（个）	特色发展型村庄（个）	改造提升型村庄（个）	搬迁整合型村庄（个）	城区（个）
恒源街道	5		15	20	19
邢侗街道	1		6	15	33
临盘街道	7	1	51	42	11
临邑镇	10	2	43	34	
德平镇	15	10	54	51	
临南镇	8	5	34	35	
林子镇	6	4	21	18	
兴隆镇	9	5	29	17	
孟寺镇	10	4	41	37	
翟家镇	8	1	35	12	
理合务镇	6	1	11	19	
宿安乡	9		20	17	
合计	94	33	360	317	63

四、村庄分类发展策略

1. 重点建设示范引领型村庄

示范引领型村庄主要指位于传统农业生产优势区，规模较大的中心村和重点基层村，是全县乡村振兴的重点，具体包括后庞、扎子李、苗家集等 94 个村庄。重点发挥村庄农业资源优势与产业基础优势，推动促进农村一、二、三产业融合发展，深化农村产权制度改革，发展壮大村集体经济，着力探索农业产业发展、商旅服务融合等乡村振兴发展模式。

2. 培育发展特色发展型村庄

特色发展型村庄主要指历史文化资源丰富、乡村旅游发展良好的村庄，特别是文物遗迹保护的村庄。具体包括阎家、大蔺家、后杨等 33 个村庄，分布有曹家汉墓、蔺琦父母合葬墓等市级文物保护遗址，以及鲧堤、石家清真寺等县级文物保护遗址等资源。重点统筹保护、利用与发展的关系，注重保护村落的完整性，保持村庄赖以生存发展的整体空间形态。保持村落的真实性，禁止没有依据的重建和仿制。合理利用村庄特色资源，发展乡村旅游和特色产业，形成特色资源保护与村庄发展的良性互促机制。

3. 引导发展改造提升型村庄

改造提升型村庄指具备一定发展基础，但是尚未形成特色优势的村庄，应保持现状逐步引导。具体包括张家、小刘家、宁寺等 360 个村庄。应科学确定村庄发展方向，在原有规模基础上有序推进改造提升，以人居环境整治为重点，激活产业、优化环境、提振人气、增添活力，配套完善村庄基础设施和公共环境，对残旧房屋、废弃宅院等进行合理利用，改造提升发展民宿、养老等项目，促进村容整洁、道路通达、环境卫生、适宜居住，加快建设宜居宜业的美丽村庄。

4. 推进搬迁整合型村庄有序迁并

搬迁整合型村庄主要指地理位置偏远、交通不便，或处于重要水源涵养区、水土保持的重点预防保护区和重点监督区以及其他具有重要生态功能区的村庄，具体包括前仓、杨家、徐家等 317 个村庄。其中，马家、党家、小许家等村庄因地理位置偏远、人口少或自然条件差造成生存环境恶劣，属大量人口外流的"空心村"，鼓励人口全部迁并至镇区或建设新型农村社区；史庙、李家、马天佑等村庄由于城镇建设的向外延伸，导致村庄被城区、镇区合并，鼓励在城区、镇区建设新型农村社区进行安置；其余撤并类乡村主要是人口规模小，与相邻村庄在地理位置上紧邻或已经集中连片，需推进村庄的整合发展与建设。

5. 合理引导社区建设

选择现状或规划具有中心小学或具有一定基础设施条件的村庄为社区，逐步引导小型村庄、空心村、偏远村庄合并为社区。按照地域相近、规模适度、产业关联、有利于整合资源要素等原则，在服务半径合理的前提下，结合交通条件，优先选择被撤并乡镇驻地村、大村强村作为社区驻地，辐射带动周边村庄发展。以综合体形式集中布置社区公共服务中心，组织办公用房结合公共服务中心共同设置，满足社区党组织办公、活动和服务群众的需要，临邑县乡村类型建设要求与目标（表9-3）。

表 9-3　临邑县乡村类型建设要求与目标

类型	示范引领型	特色发展型	改造提升型	搬迁整合型
占比（%）	约 12	约 4	约 45	约 39
建设要求	产业发展优势明显，三产融合发展程度高；基础设施配套齐全，环境优美宜居；乡风文明、乡村治理全面加强	特色资源保护与村庄发展良性互促，集体经济实力强；基础设施和公共环境明显改善；乡风文明、乡村治理全面加强	产业发展基础增强，集体经济发展壮大；生产生活条件明显改善，宜居宜业水平提升；乡风文明、乡村治理全面加强	保障正常生产生活条件；迁建与发展同步推进；农民就近安居和就业取得显著进展
建设目标	2022 年，在德州市乃至全省率先基本实现农业农村现代化	2022 年，50% 的村庄基本实现农业农村现代化	2022 年，约 10% 的村庄基本实现农业农村现代化	纳入城镇开发边界内的村庄实现城镇化，部分村庄按规划建设农村新型社区

第五节　规划思考

准确掌握村庄的现状，是合理进行村庄布局规划的基础。在充分掌握现状的基础上，才能对其进行准确的分类，制定合理的发展策略，后续的发展政策才能得以顺利实施。本项目制作了详细的《村庄建设情况调查表》，以此摸清村庄规划建设、产业发展、历史文化等基本情况，在此基础上进行村庄分类。

《村庄布点规划》在总体层面上对村庄发展制定了方向和策略，在后续的发展建设过程中，还需要多方沟通，制订详细的实施方案，确保规划落实。积极对接各部门专项规划，有针对性地引导重大发展项目向乡村地区倾斜。针对具体项目，制订行动计划，并将行动计划重点项目分解落实到有关部门、乡镇、村庄等。建立重点项目定期分析协调制度，加强重点项目的联系协调，研究解决项目推进中遇到的问题，确保各项工作按进度推进。

第十章　山东省济南市商河县孟东村美丽村居规划设计

第一节　规划背景

2017年10月，党的十九大报告提出乡村振兴战略，提出"产业兴旺、生态宜居、乡风文明、治理有效、生活富裕"20字方针。2018年，中共中央、国务院印发《乡村振兴战略规划（2018—2022年）》，细化了乡村振兴的工作重点，确保乡村振兴战略落实落地。乡村振兴战略是破解"三农"问题，促进农业发展、农村繁荣、农民增收的治本之策。因此，乡村振兴战略是今后乡村规划和建设工作的统领和目标。

山东省全面贯彻落实乡村振兴战略，2018年出台《山东省乡村振兴战略规划（2018—2022年）》《山东省美丽村居建设"四一三"行动推进方案》，协同农村人居环境整治三年行动，开展山东省美丽村居建设。"四一三"行动提出培育300个美丽村居建设省级试点，着力彰显"鲁派民居"新范式。济南市积极落实国家、山东省相关要求，《济南市乡村振兴战略规划（2018—2022年）》《关于开展美丽乡村示范村创建活动的实施意见》分别提出打造乡村振兴齐鲁样板省会标杆、美丽乡村示范村的建设目标。2019年济南市出台《济南市推进美丽村居建设实施方案的通知》，提出编制特色突出、切实可行的美丽村居村庄设计方案的要求。

孟东村作为山东省第二批美丽村居建设省级试点村之一，积极落实相关政策指示，全力开展美丽村居规划设计实践。

第二节　村庄概况

孟东村隶属山东省济南市商河县贾庄镇，紧邻镇区（图10-1、图10-2）。村域内有国道及高速公路穿过，距商河县中心城区15分钟车程，距济南市城区约1小时车程。

图 10-1　孟东村区位示意图

图 10-2　孟东村航拍图

　　孟东村作为省级美丽乡村示范村，已完成主要道路硬化绿化、村居建筑外墙整治、民居水冲式户厕改造、安设孟子文化宣传栏等工作（图 10-3、图 10-4），村庄北侧现有一处 14 公顷的公园免费开放，村庄整体建设基础良好。孟东村产业相较于周边村庄发展较好，产业类型丰富、项目较多。孟东村现已发展薰衣草、葡萄、中草药等种植业，其中葡萄种植初具规模，已发展采摘、观光等休闲旅游项目，村庄周边建有酒店、民宿，现孟东村旅游项目在旅游旺季每天接待游客 400～500 人。除此之外，孟东村积极发展光伏发电产业，已有服装加工、食品加工等加工产业为村庄 100 余人提供就业岗位。

图 10-3 孟东村街道风貌现状

图 10-4 孟东村文化休闲广场

孟东村原名孟庄堡，村内孟氏家族均为孟子的后人。据孟氏族谱记载，明朝中期孟子第五十九代孙，为躲避兵乱由孟子故乡邹城迁入本村，从此"孟母训语""气养浩然""居仁由义"等孟氏家规家训在孟东村代代相传。每年农历四月初二，孟东村均会选取代表前去邹城参加祭祀孟子的周年大典。

第三节　创新方法

一、采取现状综合评价方法制定规划

　　孟东村规划采取现状综合评价的方式综合审视村庄发展水平和建设情况，综合评价的结果是制定村庄发展定位、编制美丽村居规划的重要依据。首先，创建现状综合评价指标；其次，根据调研、访谈等调查结果对孟东村各项发展指标进行评价；最后，总结得出孟东村发展的达标项、提升项、新增项（图 10-5）。

图 10-5　现状综合评价技术路线图

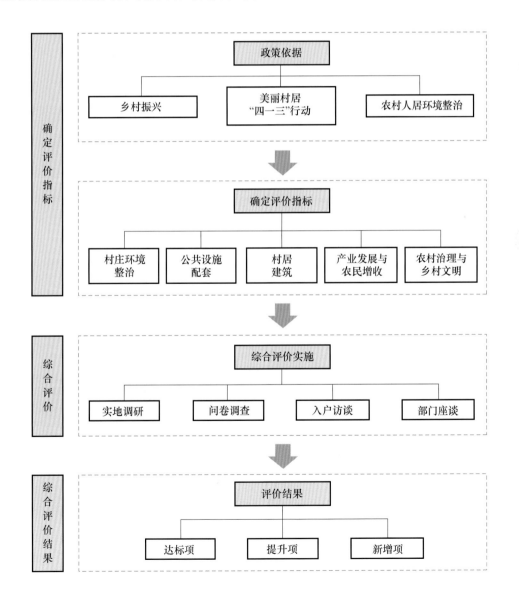

二、创建综合评价指标

　　根据相关政策的指示要求，创建现状综合评价指标。《山东省改善农村人居环境规划（2015—2020 年）》对垃圾综合治理、农村"厕所革命"、农村生活污水治理、改善村容村貌等重点任务提出了具体要求；《山东省美丽村居建设"四一三"行动推进方案》提出提高村居建设品质、提升村居环境、强化建设用地保障等总体要求；济南市《关于开展美丽乡村示范村创建活动的实施意见》还针对乡村产业发展、污染治理及生态保护、乡村文化发展和乡村治理等提出指导措施。

　　基于政策要求和孟东村发展需求，归纳总结出 30 条评价指标，分为村庄环境整治、公共设施配套、村居建筑、产业发展与农民增收、农村治理与乡村文明五个方面，评价结果分为达标项、提升项和新增项三个等级。

三、综合评价调查方法

　　当下共同缔造背景下的村庄建设需充分调动村集体及村民的积极性，突出村民主体地位，积极引导村民共同参与村庄规划及建设工作。为深入了解村庄发展现状和引导村民参与美丽村居建设工作，规划通过实地调研、问卷调查、入户访谈、部门座谈等方式对村庄发展现状进行综合评价。

　　实地调研。现场踏勘获取村庄土地使用现状、公共服务设施和基础设施现状情况、村庄道路现状、村庄景观绿化、建筑质量及风貌等第一手资料。实地调研村庄及周边产业发展情况，找准村庄发展短板及可利用资源。

　　问卷调查。向村民发放调查问卷，内容主要涉及村民对村庄设施提升改善的意向、村民住宅改造的需求及产业发展诉求等，掌握村民对村庄的居住环境评价、发展建议等内容。

　　入户访谈。在经村民同意的情况下，入户对村民进行访谈，对民居内部进行调研。调研住宅内部建筑质量、院落结构及布局等，例如生活空间布局、墙体保温、墙体立面现状、院落绿化等情况，访谈主要为掌握村民对于民居条件的评价及改善建议。

　　部门座谈。与镇政府及村委会相关负责人员、村民代表开展座谈会议，主要为获取各部门及村民代表对美丽村居建设的要求，了解村庄发展的短板和急需提升的方面，为美丽村居规划设计工作提供引导和建议。

四、梳理综合评价结果

根据综合评价指标表结果显示，共 30 项评价指标，其中 14 项达标项，12 项提升项，4 项新增项（表 10-1）。其中提升项包含村庄水旁绿化、公共活动空间、产业业态、村居建筑改造等 12 个方面，新增项包括停车场、防灾减灾设施、文化类公共建筑等 4 个方面，根据综合评价结果制定美丽村居规划。

表 10-1　综合评价指标

分类	编号	指标	达标	提升	新增
村庄环境整治	1	村庄环境整洁，无乱堆乱放、乱涂乱画乱挂现象	√		
	2	村旁、水旁绿化环境良好		√	
	3	村庄道路绿化、活动广场绿化良好	√		
	4	绿化树种选择乡土树种，见缝插树	√		
	5	庭院绿化，房前屋后种树栽花，有庭院微景观			√
	6	村内小品、文化墙体现乡土风貌		√	
	7	有村文化宣传栏，标识牌	√		
公共设施配套	8	村内有村委会、卫生站、文化站等必备公共服务设施	√		
	9	村内公共活动空间充足		√	
	10	村民生活饮用水卫生合格，供应有保障	√		
	11	建设小型分散式污水一体化处理设施，生活污水达标排放	√		
	12	电力、电信设施满足村民日常需求	√		
	13	加强农村改厕，卫生厕所全面普及	√		
	14	实现煤改清洁能源，村内无烧煤现象	√		
	15	村内生活垃圾日产日清；建筑垃圾规范处理；垃圾分类收集；旅游村设置公厕		√	
	16	村庄道路整洁完好，基本完成硬化，实现"户户通"		√	
	17	设置公共停车场			√
	18	实现村庄亮化，推广使用 LED 节能灯及太阳能路灯		√	
	19	村内安置防灾、减灾、消防等设施，并正常使用			√

续表

分类	编号	指标	达标	提升	新增
村居建筑	20	村居建筑安全稳固，无危房险户，抗震水平达标	√		
	21	建设绿色节能村居，预留光纤宽带、智能家居等终端接口		√	
	22	外墙整洁，符合整体村庄风貌	√		
	23	村居体现"鲁派民居"建筑风貌		√	
	24	闲置村居改造为公共用房、农家乐、民宿		√	
产业发展与农民增收	25	旅游观光项目业态丰富，服务水平优秀		√	
	26	集体经济发展较好，建成旅游特色村		√	
	27	低收入村增收达标，劳动力就业充分，农村居民收入较上年有提高		√	
农村治理与乡村文明	28	有符合本村实际的村规民约	√		
	29	广泛开展美丽乡村创建活动、移风易俗活动	√		
	30	传统文化有效保护和传承，建有乡村记忆展览馆等文化类公共建筑			√

第四节　规划重点

一、明确村庄发展定位

村庄发展定位有助于指导村庄建设，明确的发展定位是村庄规划设计的前提和基础。乡村是自然生态、地域文化、聚落环境和产业等形成的多层次复合系统，因此，谋划村庄发展定位需要考虑多方面因素。规划重点研究三个方面作为确定村庄发展定位的依据：一是依据乡村振兴、人居环境、美丽村居相关政策要求；二是根据村庄自身发展条件和资源优势；三是根据村庄现状综合评价结果，即村庄现状发展有待提升改善的方面。

明确"保护传承，适度开发；鲁派民居，彰显特色；质量至上，经济节能；规划先行，示范引领"的基本原则，提出孟东村发展定位，即充分彰显孟子文化特色，重点发展乡村特色文化旅游产业，塑造富有鲁西北地域特色的生态田园风貌，构建以"功能提升、设施完善、风貌协调、舒适宜居"为目标的鲁西北地区"鲁派民居"新范式、商河孟子文化传承村。

二、优化村庄产业结构

村庄如何在保存自身特征的同时适应社会的快速发展，是村庄规划面临的巨大挑战，产业发展是加速村庄发展进程的重要途径。规划凭借文化资源优势及城郊型村落的区位条件，策划孟氏文化、生态旅游、休闲体验相结合的精品旅游线路，综合打造 4 大产业板块，9 大产业项目，8 大体验活动，形成资源互补、联动发展的产业发展体系（图 10-6）。

图 10-6　孟东村产业体系图

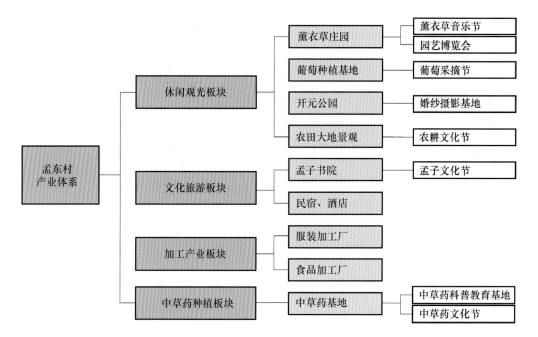

休闲观光板块。以薰衣草庄园、葡萄种植基地、开元公园、农田大地景观为主，重点发展休闲观光、采摘体验、婚纱摄影等产业项目，开展音乐节、园艺博览会、农耕文化节等乡村旅游活动，打造"乡村网红打卡地"。

文化旅游板块。以孟子书院为核心区，联动周边文化展示广场及游园，开展孟子文化主题活动和祭祀活动，弘扬孟氏家风和孟氏文化。推出周边文创产品，积极打造"孟子书院"文化品牌。提高民宿、酒店的配套服务水平，加强民宿的建筑设计和庭院景观设计，体现"鲁派民居"特色风貌。

加工产业板块。借助产业扶贫政策扩大服装加工厂和食品加工厂规模，解决村民就业问题。促进加工产业市场化运营，开辟线上销售渠道。

中草药种植板块。建议成立商河县富民中草药种植专业合作社，组织中草药有序种植、加工和销售等，增加种植品种，合理规避种植风险。开展科普体验活动，打造中草药科普教育基地。

三、补齐公共设施短板

根据《山东省美丽村居建设"四一三"行动推进方案》《山东省美丽村居建设导则》等政策要求，基于调研结果对村庄公共设施进行评价。公共设施评价分为公共服务设施、公共活动空间、道路交通设施、市政基础设施、防灾减灾设施五个方面（表10-2）。

表 10-2　孟东村公共设施配备

序号	设施类别	设施名称	项目情况		
			达标	提升	新增
1	公共服务设施	村委会	√		
2		综合治理中心	√		
3		文化活动室	√		
4		卫生室	√		
5		中小学	√		
6	公共活动空间	开元公园	√		
7		村内活动空间		√	
8	道路交通设施	村庄道路		√	
9		停车设施			√
10		道路亮化		√	
11	市政基础设施	给水工程	√		
12		排水工程	√		
13		供暖工程	√		
14		燃气工程		√	
15		电力工程	√		
16		电信工程	√		
17		环境卫生工程	√		
18	防灾减灾设施	防震设施			√
19		防洪设施			√
20		消防设施			√

公共服务设施。包括村委会、综合治理中心、文化活动室、卫生室、中小学等。孟东村紧邻贾庄镇镇区，可利用镇区内的贾庄镇中学和小学等公共教育资源，其他公共服务设施齐全，能满足村民基本使用需求。

公共活动空间。村庄公共活动空间有待提升，规划新增多处村民活动广场，增加绿化、文化景观小品及健身设施，为村民提供舒适的公共活动空间。规划设计孟子书院，融入孟子文化元素，打造为孟东村未来举办文化活动、祭祀活动的重要场所。

道路交通设施。规划硬化孟东村南部与周边村庄连接的道路，为后续周边村庄联动发展打下基础。规划利用闲置土地设置临时停车场和林下停车场，满足村民及游客的停车需求。无道路亮化路段增设路灯，方便村民夜间出行。

市政基础设施。村庄内缺少公厕，结合未来村庄旅游发展需求，在孟子书院周边增设公厕一处。孟东村现使用灌装液化石油气供气，满足村民燃气使用需求，远期新建地下燃气管道接入贾庄镇市政管网。

防灾减灾设施。孟东村现缺乏防震设施，规划利用村委会、活动广场等宽敞场地作为避难场所，沿村庄主要道路设置疏散救援通道，并增设消防标识。村东侧水渠作为主要排洪通道，设置标准排涝设施。消防规划新增一处微型消防站，结合村庄主要道路设置消防通道，增设逃生通道指示牌等，村内主要公共场所及主要建筑增设消防栓。

四、打造乡土景观风貌，营造生态文化空间

特色村庄在空间发展中应更加彰显地域特色，体现乡土人情。乡村建设中还应强化生态保护，逐步还原和展示出乡村自然美，因地制宜地提升乡村生态环境。规划将孟东村特有的文化符号、地域景观要素融入村庄设计，注重生态保护和利用，营造丰富的生态文化空间，塑造富有鲁西北地域特色的村庄风貌。

引导村庄整体风貌。打造"一心两轴"景观结构，"一心"为孟子书院，"两轴"分别为文化景观轴和生态景观轴。村庄整体形成文化特色鲜明、生态环境宜人的美丽乡村风貌（图10-7）。

设计特色文化景观节点。打造彰显村庄历史文化的特色景观节点，村庄西侧结合湿塘设计小型公园一处，步道串联祈愿广场、竹简广场、词赋广场等公共空间，广场设计将孟子名言及著作雕刻于景观墙、地

面等位置，增设孟子雕像等。另外孟子书院西侧利用闲置地设计以"孟"字为意向的游园，充分展示村庄孟子文化（图 10-8）。

选取乡土风情景观小品。景观小品选取具有乡土气息和村庄文化特色的样式，例如宣传栏、引导牌等设施选取带有传统花纹及图案的样式，景观雕塑等应优先选择磨盘、农具、篱笆、石磨等具有田园特色的景观小品，村内花架及花池，建议选择牛马槽、卵石、砖瓦等作为围合材料，公共场所的座椅选择防腐木及大理石材质，凸显村庄的乡土特色。

图 10-7 孟东村规划设计平面图

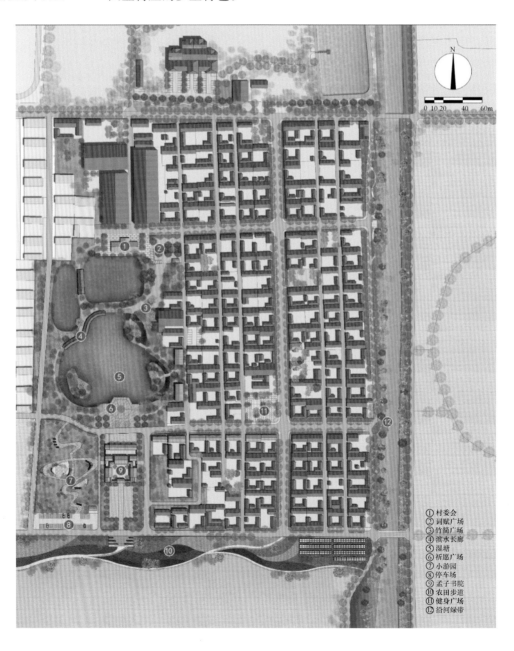

① 村委会
② 词赋广场
③ 竹简广场
④ 滨水长廊
⑤ 湿塘
⑥ 祈愿广场
⑦ 小游园
⑧ 停车场
⑨ 孟子书院
⑩ 农田步道
⑪ 健身广场
⑫ 沿河绿带

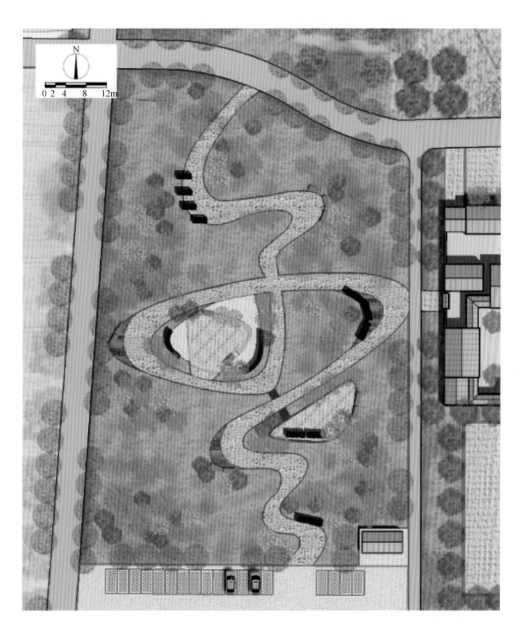

营造村庄宜居生态空间。村庄东侧水渠周边种植丰富的乡土植物，设计木质架空平台和小广场，打造环境优越的村民日常活动场所；村庄南部打造波浪形的农田景观，其中设置步道，提供自然成趣的休闲散步场所；湿塘内部增设木栈道、亲水平台、垂钓平台、景观亭等设施，打造环境宜人的休憩场所，水体及周边种植丰富的水生植物，利用乔灌草结合的种植原则，做到四季常绿，三季有花。

图 10-8　孟东村村庄游园设计平面图

打造村域农田生态空间。利用观赏型农地发展休闲旅游产业，将薰衣草园和葡萄采摘园打造成观光节点，增设观景平台、栈道、休闲驿站等设施，提供有趣味性和观赏性的休闲空间；使用麦秸、稻草等自然环保材质，设计与环境和谐统一的农田主题雕塑；结合孟子思想、孟氏家训等要素设计孟东村独特的大地景观（图 10-9）。

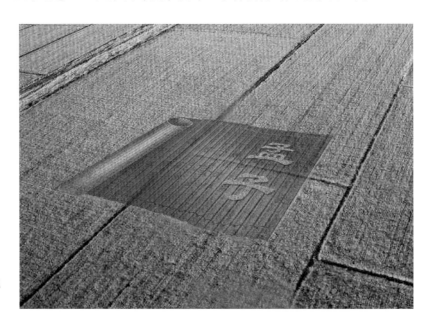

图 10-9 孟子文化大地景观

五、提升村庄建筑设计，塑造地域村居特色

建筑的地域性以文化的地域性为根本前提，通过人的建造活动将文化的地域性转移到实体建筑之上。因此，规划重点"鲁派民居"，同时公共建筑设计融入孟子文化和鲁西北地域特色，打造具有鲜明文化特质的村庄标志性建筑。

优化村居建筑结构。规划针对主要类型的村居建筑，从功能提升、布局优化、绿化美化等方面提出改造方案。采取"小规模、局部改造"的原则，适当增加硬化铺装，增加单独的厨房、户厕或储藏空间，提升村民居住的便利性和舒适度；根据农民生活习惯，建议增设凉台、棚架、蔬果种植、家禽养殖等功能，并鼓励院落内发展垂直立体种植（图 10-10～图 10-12）。

引导村居建筑风貌。孟东村村居建筑现状、建筑风貌及质量较好，规划延续鲁西北民居风貌，主要针对沿街提出建筑细部的改造引导（图 10-13）。第一，村庄主街两侧正房屋顶增加"鲁派"传统民居屋脊，门楼选取丰富的传统门头形式，墀头处增加砖雕，雕刻花卉、云纹、兽纹等图案，建筑外墙经粉刷后绘制孟子文化的墙体彩绘。第二，沿街民居改造遵循"传承历史、节约经济、生态环保"的原则，重新利用村庄保留下来的砖石、土、木、瓦等老旧材料，回收村民家中废弃的瓶、罐、碗等旧物件，将其融入立面设计中，既能体现乡土风貌又符合环保要求。

图 10-10　村居建筑改造平面图

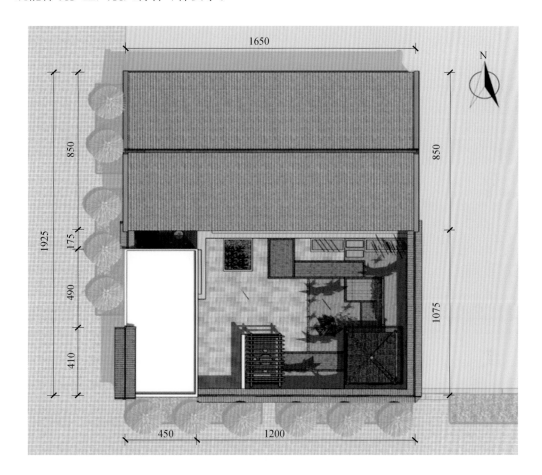

图 10-11　村居建筑改造效果图

图 **10**-12 村居建筑
改造庭院效果图

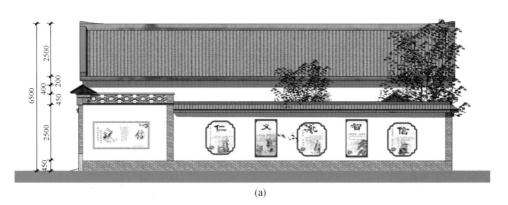

(a)

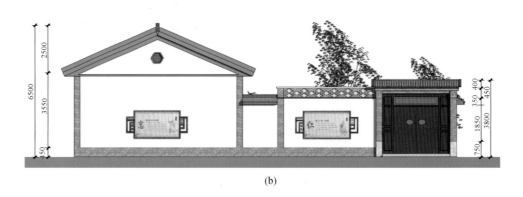

(b)

图 **10**-13 沿街村居
建筑立面改造示意图

打造特色民宿。对于意愿发展民宿的村居建筑，室内改造需完
善家具等生活设施，室内装修选取田园乡土风格，室内墙面、家具
以及装饰选用天然木、石、藤、竹等材料，凸显天然材质质朴的纹
理。庭院增设影壁墙、藤架、凉亭、桌椅和景观小品等设施，营造
出闲适自然的田园生活氛围。

加强公共建筑设计。村庄南部新建孟子书院，作为村庄标志性

公共建筑，充分展示"鲁派"建筑特色（图 10-14～图 10-16）。孟子
书院为两进院落，形式为新式四合院风格，建筑以灰砖灰瓦木门窗
为主要色调，屋脊、檐口等部位按传统工艺制作。建筑在保持传统
风貌基础上，采用现代技术与传统材料及工艺相结合的方式建造，
确保建筑满足村民及游客使用需求。

图 10-14　孟子书院
建筑设计效果图

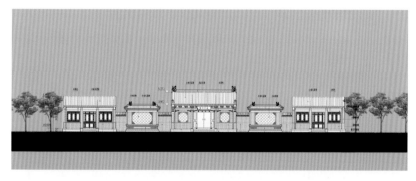

图 10-15　孟子书院
建筑设计南立面图

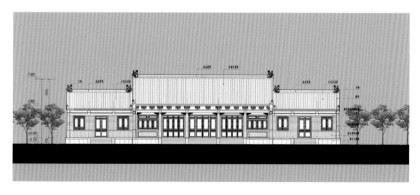

图 10-16　孟子书院
建筑设计正厅立面图

第五节　规划思考

现阶段我国村庄建设水平参差不齐，部分村庄已经解决了道路、给排水、供电等基础设施问题，并且各个地区村庄规划各有不同的侧重点，不同类型的村庄规划重点也存在差异。本章以孟东村美丽村居规划设计为突出村庄规划的实用性，采取现状综合评价的方法总结孟东村村庄建设的达标项、提升项、新增项。

此方法能够更好地适应当前我国村庄发展存在差异的问题，有助于找准村庄建设现状的优势和短板，为确定村庄发展定位和制定符合村庄实际需求的实用性村庄规划提供依据，因地制宜地对不同类型的村庄产业发展、建筑改造、公共空间设计等提出有针对性、落地性强的规划建议。

第十一章　广东省茂名市电白区省定贫困村示范片区整治规划设计

第一节　规划背景

一、国家层面——乡村振兴的宏观战略要求

2017 年 10 月，习近平总书记在党的十九大报告中提出实施乡村振兴战略，提出坚持农业农村优先发展，按照产业兴旺、生态宜居、乡风文明、治理有效、生活富裕的总要求，建立健全城乡融合发展体制机制和政策体系，加快推进农业农村现代化。

2018 年 2 月，中共中央办公厅、国务院办公厅印发了《农村人居环境整治三年行动方案》，内容包括总体要求、重点任务、发挥村民主体作用、强化政策支持、扎实有序推进、保障措施等。

二、广东省层面——农村人居环境整治行动的统一安排

广东省委十二届三次全会从要素配置、公共财政投入、公共服务等方面对乡村振兴战略规划作出指导。《关于全域推进农村人居环境整治建设生态宜居美丽乡村的实施方案》统筹安排全省农村人居环境整治行动，明确了全域推进农村人居环境整治建设生态宜居美丽乡村的指导思想、目标任务、基本原则、重点任务、政策保障和组织保障。

三、茂名市、电白区层面——精准扶贫的现实需求

电白区是广东省的农业大区，贫困地区农村居民收入水平低且增长速度缓慢，城乡收入差距逐渐扩大。基础设施薄弱、生产要素匮乏等制约因素使电白区贫困程度较深，脱贫任务艰巨。为了实现精准扶贫的任务目标，茂名市、电白区出台了一系列农村整治方案，从财政政策、工程内容等方面作出具体要求。

《茂名市大力推进农村人居环境综合整治》提出要以城乡清洁工程为抓手，抓点示范，整治与保护结合，发挥农民主体作用，加快推进农村人居环境综合整治。《茂名市优化财政职能加强农村生态环境保护》提出优化财政帮扶政策，解决农村环境突出问题；优化财政投入结构，加大农村环境整治力度；优化财政长效机制，推动农村环境持续改善。《电白区畜禽养殖污染综合整治工作方案》提出落实属地管理责任，明确部门工作分工，实行人居与畜禽圈养、生产区与生活区分离。

第二节　项目概况

一、规划范围

本次规划范围包括广东省茂名市电白区坡心镇的清河村、七星村、排河村。三个村均为特大型村庄，共2842户，劳动力人口7710人，共有贫困人口590人，198户。三个村被划定为省定贫困村示范片区，进行整体规划设计。

二、村庄概况

规划片区位于坡心镇西部，紧邻茂名市区，是茂名—电白发展轴上的重要节点。规划区临近茂名市高铁站，还有绿洲农庄、粤西农副产品综合交易中心等，未来将建设茂名市体育中心、会展中心、市政府新址，是茂名市服务功能外溢辐射的重要片区（图11-1）。

图 11-1　项目区位图

　　清河村位于坡心镇西部，辖区面积 2.75 平方千米，耕地 1300 亩。七星村位于电白区坡心镇的西部，辐射带动下辖 20 个自然村，辖区面积 4.1 平方千米，耕地面积 1600 亩。排河村位于电白区坡心镇的西部，与茂南区袂花镇交界，辖区面积 0.9 平方千米，耕地面积 700 亩（图 11-2、图 11-3）。沙琅江流经规划片区，流域水资源丰富（图 11-4）。

图 11-2　清河村村容村貌

图 11-3　排河村村容村貌

图 11-4　沙琅江现状照片

规划片区内经济主要依靠国家产业扶贫项目，对外依赖性强，以扶贫工作组和帮扶单位为主要经济组织者。村庄产业以传统粮食作物、蔬果种植为主，产品附加值低。农业产业化水平低，农业中下游产业链尚未形成；农业商品率低，大多自给自足；种植零散，未形成规模化经营；农业机械化水平低，基础设施不完善。

三、土地利用

规划区内现状城乡总用地 602.59 公顷，其中村庄建设用地面积 157.5 公顷，非建设用地面积 432.02 公顷。村庄建设用地以村民住宅用地为主，用地面积 130.94 公顷；非建设用地以农林用地为主，用地面积 368.95 公顷，占城乡总用地的 61.23%。

第三节　规划思路

以增长贫困人口收入为目标，立足自身优势，依托沙琅江的自然景观资源和茂名大道、沈海高速交汇的区位交通资源，通过产业发展引导、村庄布局优化和村庄风貌提升，打造"整洁有序、美丽宜居、特色突出"的示范片区，实现产业提质发展、人居环境改善和村容村貌提升（图 11-5）。

图 11-5 规划技术路线图

第四节　规划重点

一、产业发展规划

1. 产业发展总体定位

充分利用村庄自然生态资源优势和便利的区位条件，以七星村蔬菜产业基地、排河村有机农业产业园等扶贫工程为核心项目，整合片区内产业发展项目和空间布局，实现农业发展与休闲旅游并重，集订单生产、蔬果采摘、生态观光、农家体验等功能于一体的现代农业与乡村旅游发展示范片区。

2. 构建现代产业体系

构建现代农业与乡村旅游融合发展的现代产业体系。现代农业以提高生产技术为重点，发展水稻种植、蔬菜种植、水果种植和鱼塘养殖；乡村旅游以提高品质为重点，发展生态观光、果蔬采摘、特色民宿和农事体验等项目。

3. 产业空间布局

根据用地情况和产业联动效应，确定分区发展方向和产业园区空间布局。推进各村庄形成以产业园区为主体，依托轴带延伸发展的格局。综合形成"一轴、一带、三区"的产业空间布局。

"一轴"为示范区空间发展轴。促进示范区沿茂名大道延伸发展，融入电白区城镇发展主轴。

"一带"为沿江产业联动发展带。建设沿江生态观光带，串联示范区产业发展项目。

"三区"为生态农业体验区、水稻种植观光区、有机蔬菜种植区。生态农业体验区以种植有机果蔬为主，依托农业生态观光园打造多样化果蔬种植、现代农业展示、休闲娱乐等活动。在水稻种植观光区优化水稻种植品种，提高机械化耕种水平，打造大地水稻景观，联动其他两区发展休闲娱乐活动。有机蔬菜种植区以蔬菜种植为主，扩大现有种植规模，依托蔬菜产业基地促进果蔬订单化生产和标准化种植（图 11-6）。

4. 产业项目策划

排河村定位为生态农业体验区，主要发展农业种植、农产品加工销售和休闲农业。建设现代农业产业园和温室种植园；设立农产品销售中心，以农业合作社为主体，培育发展果蔬加工企业，并通过电商平台实现线上销售；同时开展各类休息农业活动，发动村民将民居进行改造设计，打造农家乐、精品民宿，并开设观光摄影基地、休闲吊床区、亲子乐园等活动项目（图11-7）。

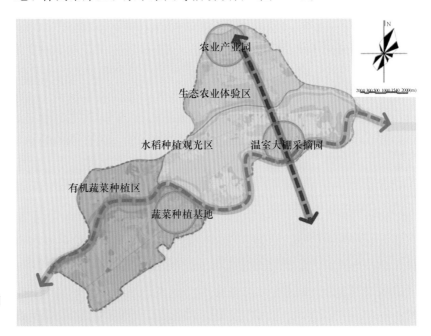

图 11-6 产业空间
布局规划图

图 11-7 排河村规
划鸟瞰图

清河村定位为水稻种植观光区，包含水稻种植区、大地景观区和稻田艺术区。在部分片区，将水稻与油菜花、向日葵等植物搭配种植，形成独特的大地景观艺术。水稻收割之后，在田间制作稻草人、堆垛等稻田艺术景观，吸引游客参观。

七星村定位为有机蔬菜种植区，建设蔬菜种植基地，种植苦瓜、茄子、豆角等市民常选购蔬菜，与茂名市商超对接，实现订单生产。

与蔬菜园、鱼塘结合，开展垂钓、户外烧烤等活动。

沙琅江打造沿江休闲景观带，开设游船观光路线，沿江设置休闲步道，完善服务设施，营造良好出游环境，规划区产业项目（表 11-1）。

表 11-1 规划区产业项目列表

项目位置	项目名称	项目内容
排河村	现代农业产业园	分期建设现代农业产业园，种植有机果蔬，加强质量认证，完善销售渠道
	温室种植园	种植葡萄、草莓、圣女果等小型易摘果蔬，丰富采摘品种
	农产品加工销售中心	设立农产品加工区、特色产品展销区等，通过物流运输实现电商销售
	农家民宿	在划定的民宿区内进行民宿改造试点，提出村民自建型农家民宿的基本规范
	十里金堤	种植玫瑰、月季、紫罗兰、扶桑花等四季花卉，形成搭配得当、设计合理的游览线路，增设摄影点、休息区
	休闲吊床区	设置不同的挂钩高度，增设森林木屋，在旅游旺季为游客提供吊床租赁等服务
	亲子乐园	设置丰富多样的游戏项目、塑造新鲜安全的游玩场所
清河村	温室大棚采摘区	与茂名市中心城区商超对接，实现订单生产；开辟蔬果采摘、大棚观光等旅游活动
	大地景观观景台	修建多层木质观景台，环绕种植格桑花、瓜叶菊等观赏类花朵、绿植
	大地景观区	根据村庄形象设计景观图案，采用多彩水稻种植并形成景观
	稻田艺术区	水稻收割之后，在稻田里堆垛稻草人、稻草动物等艺术景观
	沙琅江游船码头	设置游船停泊区、游船码头、收费区等设施，保障游客游览安全
七星村	蔬菜种植基地	种植城市地区需求量较大的蔬菜、瓜果品种，与附近商超实现订单合作
	鱼塘养殖区	根据周边购鱼需求，养殖需求量较大的鱼类品种；设置钓鱼区、钓鱼台等，为游客提供渔具租赁等服务
	户外烧烤区	在沿河周边、风景优美的森林区域，划定烧烤区域，由附近的农家餐厅提供器具、桌椅租赁等，并注意安全防火
	农家餐厅	开辟具有当地特色的农家菜肴，提供自烹自煮服务

续表

项目位置	项目名称	项目内容
沙琅江	沙琅江游船	购置电动船、脚踏船、竞赛划艇等类型的游船，沿沙琅江设置小型喷泉，种植荷塘、芦苇等景观
	休闲步道	在沿河村庄附近设置休闲步道，增设景观小品、休闲座椅等设施

二、空间布局规划

根据《坡心镇土地利用总体规划（2010—2020年）》，本次规划结合基本农田以及村庄建设用地指标等合理设置公共服务设施、基础设施、产业落位等内容，有效控制村庄规模的无序扩张。

通过对场地自然山水格局、地形、村庄、田园等要素的梳理，构建"山、水、城、景、田"五位一体的开发空间环境。强调人与自然和谐共生的生态格局，延续生态农业景观，让村庄融入自然（图11-8）。

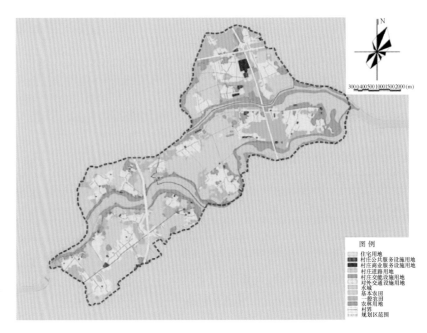

图 11-8 规划区用地空间布局规划图

三、村庄整治规划

1. 沙琅江滨江区域整治规划

沙琅江滨江景观带定位作为电白区省定贫困村示范片区核心景

观廊道、电白区都市农业、乡村旅游发展示范区和茂名市未来行政新区后花园。

规划以绿色作为水岸基调，创造不同特性的水岸空间，建立人与自然的联结。打造滨水慢行系统，并将村庄道路延伸至江边，让村庄与沙琅江之间有更多的联结，使沿江景观更多的渗透入村庄（图 11-9～图 11-11）。

2. 农房建筑风貌整治

对危房进行改造，消除房屋与环境的安全隐患。拆除危旧房、废弃猪牛栏及露天厕所，拆除乱搭乱建、违章建筑，拆除非法违规商业广告、招牌。

规范农房建设管理程序，实现建筑外观整洁有序。村庄建筑风格体现地域文化特色，并实现整体建筑风貌的统一。村庄特色营造主要通过屋顶美化、立面改造和围墙、广告牌等要素改造实现。

图 11-9　沙琅江滨江景观带规划平面图

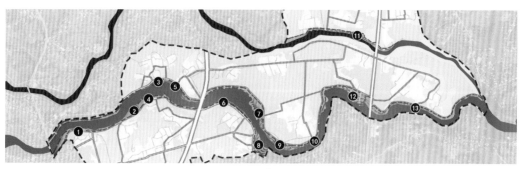

① 村民休闲散步道　　　⑦ 音乐广场公园
② 四季花田连廊　　　　⑧ 造型山丘瞭望平台
③ 雕塑广场　　　　　　⑨ 观赏植物园
④ 潮汐观赏平台　　　　⑩ 滨水表演广场
⑤ 水上表演台与广场　　⑪ 戏水广场
⑥ 休闲景观小径　　　　⑫ 游艇码头与码头展示区
　　　　　　　　　　　⑬ 湿地散步道

图 11-10　沙琅江驳岸剖面设计图

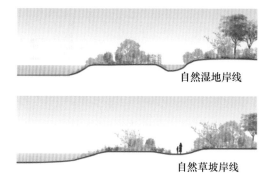

自然湿地岸线

自然草坡岸线

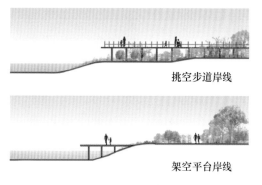

挑空步道岸线

架空平台岸线

图 11-11 沙琅江滨
江景观带鸟瞰图

3. 街巷风貌整治

街巷改造首先满足居民出行安全、便利的要求，符合消防、防灾、救护、环境卫生等规定，修复破损路面，完善交通设施，并在此基础上通过铺装材质、绿化等体现村庄特色（图 11-12、图 11-13）。

对于轻微破损路面，采用涂胶防水、裂缝灌热沥青、补强等方法进行修补，对于严重破损路面，采用水泥混凝土加铺层结构、铣刨重新铺装等方式改造。增加村庄停车设施，在村边设置集中停车区域，利用村内空闲、边角地设置停车位。增加各类交通标识与安全防护设施。在滨江游步道及村庄特色街巷中采用透水砖、砾石等材质，体现村庄特色。

图 11-12 村庄主路
断面图（一）

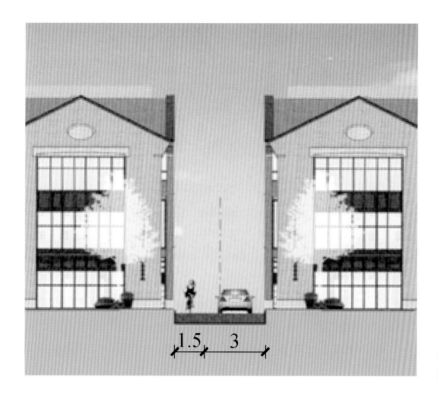

1.5　3

图 11-13 村庄支路
断面图（二）

第五节　规划思考

　　贫困村的规划设计工作，是带领群众脱贫和实现乡村振兴道路上的重要环节，规划需解决村庄的人居环境和产业发展两大重要问题。在基础条件相对落后的贫困村，更加实用的、切实可行的规划指引和实施路径显得尤为重要。

　　村庄经济发展离不开产业带动，在贫困地区，应当充分分析本地资源及周边的市场需求，根据实际情况给出方向引导，提出切实可行的发展项目，杜绝不切实际的"高大上"定位。在规划实施过程中，要给予村民积极的创业引导，逐步形成有效的产业带动。

　　村庄人居环境改善能够提升村民的幸福感和满意度。在村庄用地布局和风貌提升的规划设计中，应加强公众参与环节，充分征求村民意见，调动村民的积极性，增强主人翁意识，这样才能保证规划成果更加有效地实施和推广。

第十二章 云南省沧源县班老乡下班老村整治规划设计

第一节 规划背景

2008 年到 2017 年，国家依次发布了《兴边富民行动"十一五"规划》《兴边富民行动规划（2011—2015 年）》《国务院关于支持沿边重点地区开发开放若干政策措施的意见》《兴边富民行动"十三五"规划》等若干政策文件，旨在推动边境地区经济社会快速发展，提高各族群众生活水平，加强民族团结，巩固祖国边防，维护国家统一，扩大沿边重点地区对外开放格局，体现了国家对于边境地区建设的重视与支持。

2021 年 8 月 19 日，习近平总书记给云南省沧源佤族自治县边境村老支书回信中写道："脱贫是迈向幸福生活的重要一步，我们要继续抓好乡村振兴、兴边富民，促进各族群众共同富裕，促进边疆繁荣稳定。希望你们继续发挥模范带头作用，引领乡亲们永远听党话、跟党走，建设好美丽家园，维护好民族团结，守护好神圣国土，唱响新时代阿佤人民的幸福之歌。"习近平总书记的回信充分体现了中央高度重视陆地边境地区建设发展，各级政府高度重视沧源佤族自治县边境村庄建设，给下班老村带来了历史性发展机遇。

第二节 项目概况

一、区位及规划范围

下班老村位于云南省西南边境，距沧源佤族自治县直线距离约 35 千米，紧邻南滚河国家级自然保护区，与缅甸仅一河之隔。下班老村总面积共 2.91 平方千米，辖永桑、永惹、怕岩、永松 4 个村民小组。项目规划范围包括永惹组和帕埃组，永惹组 49 户，208 人，帕埃组 42 户，192 人。

二、自然资源

下班老村地处南滚河与南衣河之间的横断山脉上，境内多为深山森林区，周边森林资源丰富，植被覆盖良好，河水常年流水不断，环境优美，空气质量优越。村庄东部为南滚河国家级自然保护区，区内森林植被保存完好，动植物种类繁多，是我国西南生态安全屏障的重要组成部分。村庄主要经济作物为橡胶、茶叶等经济林果。

三、文化底蕴

班老人民心向祖国，是中华民族共同体意识的见证地。班老自古以来就是中国领土的一部分，从 1892 年到 1960 年，为了捍卫国土完整，佤山人民与英国侵略者进行了 68 年的顽强抗争。中华人民共和国成立后，在中国共产党的领导下，1960 年 10 月 1 日中、缅两国签署《中华人民共和国和缅甸联邦边界条约》，班老等地终于回归祖国的怀抱，维护了国家领土完整和国家主权尊严。

下班老村有着悠久的佤族民族文化。下班老村位于云南省临沧市沧源佤族自治县，村庄总人口 788 人，佤族人民占总人口的 98.81%。佤族人民能歌善舞，常见的舞蹈有圆圈舞、竹竿舞、甩发舞等。下班老村有着浓厚的佤族风情和悠久神秘的佤族民族文化，至今仍传承着贡象节、新火节、泼水节、新米节等民族传统节日。

第三节　规划思路

通过保护环境、传承文化、提升功能、塑造风貌四项规划策略，将下班老村打造成为新时代守卫神圣国土爱国主义教育基地、全国陆地边境线乡村振兴兴边富民示范村、新时代民族团结共同富裕的典范，从而塑造"新时代全国守卫边疆民族团结爱国主义示范村"。

一、尊重生态环境，村庄建设杜绝大拆大建

第一，村庄建设尊重自然生态，严格保护生态红线以及南滚河国家级自然保护区等重点区域，严禁开发建设、乱砍乱伐、非法偷猎等行为，保护周边森林物种多样性，最大程度地保护我国西南生

态屏障。第二，在不破坏生态系统的情况下适度发展橡胶、夏威夷果等种植业。第三，改善村庄内部生态环境，在房前屋后及村庄开放空间利用乡土树种适当增加绿化，民居建筑进行环保改造，改造升级厨房、厕所，着力打造"零污染村庄"。

二、传承历史文化，打造爱国主义佤族新村

建设爱国主义教育基地。打造集文化展示、主题游览、爱国主题教育、旅游服务于一体的回归纪念园，打造边疆各族"永远听党话、跟党走"红色教育品牌。传承佤族文化，民居建筑和景观小品融入佤族文化元素，传承优秀的民族生活习俗和传统节日，打造阿佤人民新生活典范。

三、提升村庄功能，促进产业发展提升人居环境

第一，积极培育爱国主义教育功能。设计建设回归纪念园，通过展览、讲座、演出、培训、举办活动等方式，传扬班老人民抵御外敌的爱国故事。促进班洪班老一体化进程，红色旅游资源联动发展爱国主义教育产业。第二，加快提升旅游服务功能。建设游客服务中心，增设停车场和民宿餐饮，提高下班老旅游服务水平。第三，积极改善村庄生活功能。改造提升村庄公共活动空间、小学，增设幼儿园，结合村民实际需求提升村庄生活功能。

四、塑造特色风貌，重塑佤族特色强化文化内核

村庄建设与自然环境协调。延续村庄肌理，严禁大拆大建，尊重村庄与自然的关系，布局依山就势。民居建筑和景观小品材质选取当地易取的石材、竹木等材料，绿化选取易于养护的乡土树种。增加村庄特色文化要素。民居建筑、公共空间、街道空间增加乡土文化元素的装饰和小品，体现乡土特色民族风貌。

第四节　规划重点

一、村庄布局优化

保留现状村庄肌理和布局，保护顺应地形的村落格局（图 12-1）。首先，优化村居建筑院落内空间布局，保留主体建筑沿主路布置，厨房、卫生间、牲口棚远离村庄主要道路，围合方式尽可能保留大面

积的院落空间。其次，以组团式布局方式进行生产功能排布，将现状零散分布的牲口棚进行整合，5～10户集中一处布置，提高生产卫生水平和人居环境。最后，整治改造村庄开放空间，拆除临时建筑，重新设计改造村庄广场等公共空间，为村民提供休憩场所。

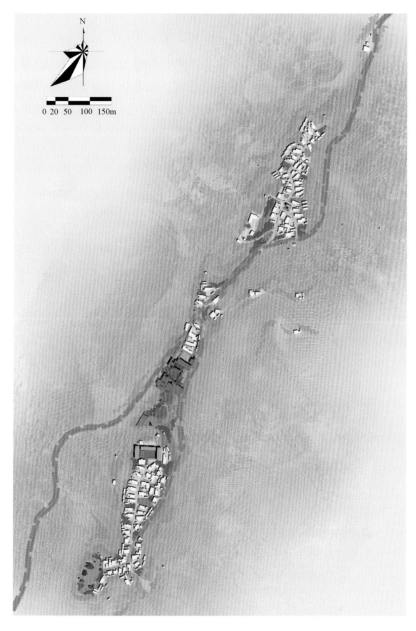

图 12-1　下班老村规划总平面图

二、民居建筑庭院改造

对民居建筑改造提出改造措施和方案，民居改造内容主要包括建筑改造及庭院改造（图12-2～图12-6）。

　　　　第一，建筑改造方面对房屋布局提出优化调整，厨房、卫生间、牲口棚等配房拆除重建，在统一外观样式的同时内部功能得到优化改善，厨房可开窗通风，厕所改造为水冲式厕所。保留主房建筑，屋顶拆除原有的彩钢屋面，改为钢龙骨或木龙骨为结构支撑，再覆以小青瓦。在建筑外观方面，对外墙原有瓷砖饰面进行清理，用毛石基座和仿石墙面砖对外墙整体重塑，提取佤族传统纹饰作为民居建筑装饰腰线，提升村落建筑特色风貌。重新设计门窗样式，融入佤族传统色彩和纹饰，采用断桥铝门窗提升居住舒适性。遮阳棚改为采用坡屋顶形式和钢结构，刷木色涂料搭建遮阳棚，满足当地气候的村民使用需求。

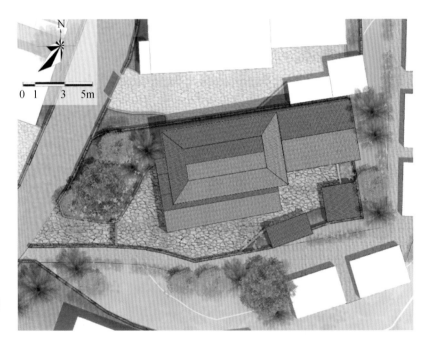

图 12-2　一层民居改造平面图

图 12-3　一层民居改造效果图

图 12-4　二层民居改造平面图

图 12-5　二层民居改造效果图

质感	灰色小青瓦	浅色涂漆实木	米色仿石墙面砖	彩色涂料	毛石
立面色卡	1715	0031	0063	1095 1036	0205 0201
参考案例					

注：色卡色号依据《建筑颜色的表示方法》(GB/T 18922—2008)

图 12-6　二层民居改造立面图及材质引导

第二，重构院落空间，新建的配房布局在符合使用需求的前提下，尽可能多地保留大面积院落空间。增设院门和矮墙，界定道路和院落空间，同时利用房前屋后种植乡土植物，增加绿化。

个别的民居改造为民宿，为村庄爱国主义教育等产业提供配套服务（图 12-7、图 12-8）。在建筑布局方面，将卫生间改造安置在主建筑内部，厨房单独重建，拆除牲口棚等配房。建筑外观与民居建筑选取材质类似，注重与村庄民居和自然环境协调统一，在建筑形式上则更加灵活，遮阳棚的造型体现简约舒适的现代建筑特色。院落空间除了增加院门围墙外，利用丰富美观的绿化景观划分庭院不同功能的空间，增加更多的休憩空间和休闲座椅，利用庭院家具、景观小品、景观绿化营造出舒适恬静的民宿庭院。

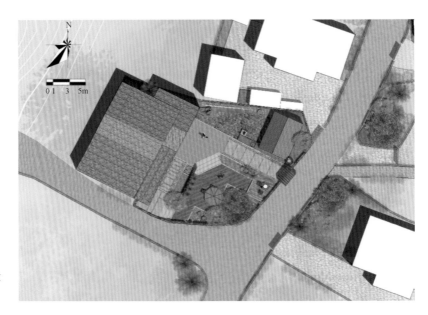

图 12-7 民宿改造平面图

图 12-8 民宿改造效果图

三、开放空间提升改造

对村庄现状三处开放空间进行设计改造（图12-9～图12-11），主要设计方法有三点。第一，融入佤族特色设计重建休闲凉亭，增设休闲座椅等设计，提升公共空间功能性的同时凸显佤族特色风貌。第二，重新铺设地面铺装，利用铺装界定村庄道路和公共空间，提高村庄休憩场所的安全性。第三，利用乡土景观植物增加景观绿化和街旁绿化，为村民休憩提供纳凉的空间和良好的生态环境。

图 12-9 帕埃开放空间改造效果图

图 12-10 永惹村庄入口开放空间改造效果图

图 12-11 永惹村庄
开放空间改造效果图

四、村庄整体风貌塑造

　　村庄整体风貌塑造方式包括三方面。第一，景观小品及标识系统设计体现佤族文化和乡土特色（图 12-12）。休闲凉亭采用佤族传统建筑屋顶的形式意向，种植池、休闲座椅等村庄小品，以毛石砌筑或增加木质座面。村庄入口标识、宣传栏、路标、路灯垃圾桶等设施点缀佤族传统纹样，与建筑上点缀的纹样一致，风貌统一协调。第二，路面铺装选材突出乡土特色。道路选择中粒式沥青混凝土，庭院铺装材质选择青石、碎石、木材、粗糙混凝土块等，广场使用石板碎拼，颜色以青、灰、暮色为主要色调。第三，村庄绿化种植引导以"增花增绿增果"为目标，对沿公路、道路和村庄庭院内绿化分别提出了引导要求和乡土植物配植建议（图 12-13）。

图 12-12 村庄入口
标识牌设计

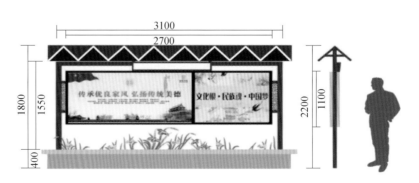

图 12-13 村庄宣传栏设计

五、回归纪念园规划设计

根据乡村建设的相关政策以及下班老村纪念园设计要求，项目制定了回归纪念园的设计原则为"小而精、小而美、小而红"，设计理念是依山就势、尊重本底。首先，回归纪念园设计尊重自然绿水青山，景观绿化以自然为美，选取乡土植物注重植物配植，突出和谐活跃的景观环境。其次，建设杜绝大拆大建，建筑排布和园区游览路径规划坚持顺应地形、因地制宜。建筑采取自由式的建筑布局，外观突出佤族文化特色，主建筑设计提取佤族传统建筑屋顶形式作为富有张力的建筑结构，材质色彩选用低饱和度实木颜色，与自然环境和谐统一（图12-14、图12-15）。部分展厅通过覆土建筑的形式弱化建筑形体，突出生态环境，地上地下建筑相结合形成丰富的游览参观学习游线。

回归纪念园核心功能包括四个方面。第一，游客服务功能。为游客提供临时休憩、旅游咨询等配套服务。第二，展览功能。作为红色爱国主义教育的展示窗口。第三，会议功能。可举办上百人的主题教育讲座、线上展览展示、远程会议等活动。第四，纪念功能。以主题纪念碑及纪念广场为主，用以纪念历史事件。

图 12-14 村庄道路标识设计

图 12-15　村庄街道
空间改造效果图

　　回归纪念园设计采取以故事线为脉络规划参观路径的设计手法，按照时间顺序展示完整的班老爱国回归故事（图 12-16～图 12-19）。序厅作为序章总体展示爱国主题，包括园区入口和主展馆，建筑形式自由且古朴；第一单元主题为抵御外敌。包括光影展廊和光影展厅，建筑空间曲折但凸显刚毅之感；第二单元主题为班老回归历史。包括纪念广场和纪念碑，空间构想体现心系祖国和光荣回归的自豪之情；第三单元主题为走向新时代。建筑载体为新时代展厅，建筑内部采光充足，体现欣欣向荣的寓意；第四单元主题为奋斗奔小康。打造视野开阔的主题报告厅。

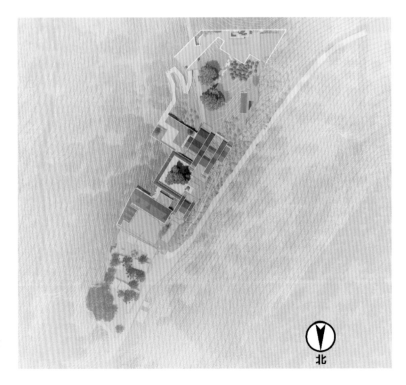

图 12-16　回归纪念
园设计平面图

北

图 12-17　回归纪念园效果图

图 12-18　回归纪念园广场鸟瞰图

图 12-19　展厅内部效果图

第五节　规划思考

提升村庄特色是实用性村庄规划的重点任务之一，也是具有代表性和示范性的村庄需要重点规划的方面。下班老村整治提升规划设计旨在打造"小而精、小而美"的边疆民族团结示范村，村庄的独特之处体现在爱国主义文化和佤族文化两个方面，规划设计围绕这两个特色，重点从村庄产业、建筑风貌和景观环境三个方面提出了特色提升的设计方案和引导建议。

第一，提升村庄产业功能。设计建造包括游客服务、主题展览、会议讲座、纪念留念等功能的回归纪念园，将下班老村打造为新时代守卫神圣国土爱国主义教育基地，强化下班老村对于全国边境村庄的引领示范作用。

第二，重塑地方建筑特色。民居建筑和公共建筑改造，提取佤族传统纹饰和色彩，点缀在外墙及门窗部件上。回归纪念园主建筑设计则将佤族传统建筑屋顶形式提取为建筑结构，村庄整体建筑在呈现传统佤族文化的同时符合现代使用需求。

第三，营造特色景观风貌。增加村庄乡土植物绿化，村庄开放空间小品及标识系统等设施融入佤族纹饰和色彩，与建筑一同营造独特的村庄整体风貌。

第十三章　甘肃省漳县大草滩镇新联村村庄整治规划设计

第一节　规划背景

一、乡村振兴战略

2018 年 9 月，中共中央、国务院印发《乡村振兴战略规划（2018—2022 年）》，是党的十九大作出的重大决策部署，是决胜全面建成小康社会、全面建设社会主义现代化国家的重大历史任务，是新时代做好"三农"工作的总抓手。党的十九大报告指出：要坚持农业农村优先发展，按照产业兴旺、生态宜居、乡风文明、治理有效、生活富裕的总要求，建立健全城乡融合发展体制机制和政策体系，加快推进农业农村现代化。

二、旅游产业发展

文化和旅游部印发《"十四五"文化和旅游发展规划》中要求大力发展县域和乡村特色文化产业，推进城乡融合发展。甘肃省定西市先后制定出台了《关于促进全域旅游发展的实施意见》《定西市文化旅游产业发展专项行动计划》，编制了《定西市全域旅游规划（2018—2025）》，提出实施优质景区锻造、精品线路培育、乡村旅游振兴、旅游融合发展、服务能力提升、基础设施改善等全域旅游发展"十大行动计划"。漳县也制定出台了《关于加快发展旅游业的意见》《关于促进全域旅游发展的实施方案》，要求积极发展"旅游＋农业"，通过支持培育景区带村、能人带户发展乡村旅游、休闲农业等现代农业新业态，加快推动贫困群众增收脱贫。

根据文化和旅游部预测，2015—2019 年，我国国内旅游人数维持在 10% 左右速率呈现稳定增长态势。2020 年受新冠肺炎疫情影响，旅游出行人数有较大跌幅，在我国疫情得到有效控制的基础上，预计 2021 年国内旅游人数将会有较大提升，今后 3 年内旅游业将恢复到 2019 年的水平。

三、旅游景区风貌协调的要求

遮阳山是定西市主要的旅游景点之一，也是国家森林公园、国家 AAAA 级旅游景区、国家攀岩基地主要景区之一。总面积有 30 多平方千米，有奇峰异石、溪流瀑布、深邃岩洞、幽深峡谷，景点有 120 多处。新联村位于遮阳山北侧，东溪、西溪两大景区入口皆在新联村境内，直接受到遮阳山景区发展带动。

目前，西溪景区内部设施已建成并投入运营，目前逐步进行西溪景区入口周边的服务设施、景观环境等内容。遮阳山景区的运营对新联村及大草滩镇经济发展及产业转型十分利好，有力地带动了周边村庄产业发展和村民就业。但西溪入口周边的协店、铺里两个村民小组内村庄风貌与 AAAA 级景区并不相匹配，新联村作为遮阳山景区出入口的形象体现，对其村庄风貌、景观环境也有更高的要求，未来村庄发展需加强周边村庄整体风貌，与景区入口环境相协调。

第二节　村庄概况

一、区位交通

新联村位于漳县西南部，是甘肃省定西市漳县大草滩镇下辖的行政村。新联村交通较为便利，紧邻兰海高速与兰渝铁路，距兰海高速路口 14 千米，距兰渝铁路漳县站 13 千米。距天水麦积山机场 226 千米，距兰州中川国际机场 267 千米。

二、建设情况

新联村村庄建设呈现出沿 212 国道两侧带状发展的特点，5 个村民小组由西至东依次为石头坡、协店、铺里、香房、王家店。协店、铺里两个村民小组临近遮阳山风景区，村内商业建筑比例相对较高。石头坡、香房、王家店三个村民小组内以居住建筑为主。

1. 村居建筑

在建筑功能方面，除协店、铺里两个临近景区的村民小组内有部分农家乐、饭店、小超市等商业服务类建筑外，石头坡、香房、王家店三个村民小组内以居住建筑为主。在建筑质量方面，村内建筑结构及建筑质量有较大差异，结构有夯土、砖石、钢筋混凝土等，其中夯土建筑年代较为久远，建筑质量较差，出现墙体歪斜、木构件腐朽等情况，砖石及混凝土建筑多为新建建筑，建筑质量较好。在建筑外观方面，多数颜色及材质均不统一，外墙表面材质有涂料及瓷砖两种，墙体颜色多为白色，部分墙面出现墙皮脱落、烟熏变黑等问题（图13-1）。

(a)

(b)

图 13-1 代表性村居建筑

2. 村庄风貌

村内缺少公共活动空间及集中绿化，村内闲置用地利用率较低，缺少绿化及休憩设施，现状绿化缺乏管理及养护，景观效果不佳。212国道两侧景观绿化带连续性不强，植被生长情况较差。村庄周边有漳河、东溪、西溪三条河流，铺里村东侧有一处湿地公园，东溪、西溪河道缺少景观绿化，漳河两侧绿化效果较为杂乱（图 13-2、图 13-3）。

图 13-2 村内街巷
缺少景观绿化

图 13-3 漳河两侧
景观效果

3. 道路交通

村庄主要道路已实现全面硬化，部分巷道尚未硬化，部分硬化后的道路出现一定程度的破损，影响村民出行及村庄街巷环境。村内道路宽度较窄，缺少道路绿化，且存在杂物乱堆乱放问题，由于缺少污水收集、处理设施，路面污水横流情况较为普遍。遮阳山景区旺季时有大量停车需求，需在景区入口处增设停车场。

4. 服务设施

村内缺少污水收集、处理系统，村民厕所多为旱厕，洗菜、洗衣等产生的废水都直接排至附近街道。垃圾收集设施简单，设施较少，部分垃圾桶较为陈旧且出现不同程度的破损。村内商业行为缺少政府引导，多为自发组织，村民于自家宅院内开设农家院，或于景区入口处摆摊经营，整体运营较为杂乱（图13-4）。现状电力、电信线缆同杆架设，架空线路交混，杂乱无序。

图 13-4　村内既有商业店铺

三、产业发展

村内产业类型包括中药材种植和初加工、遮阳山小镇产业园、民宿、餐饮等。新联村位于甘肃山区内的村庄，交通、土地、矿产等资源均较为缺乏，且受到城市辐射带动作用较小，村庄农业、工业发展较为薄弱。依托其优质的生态资源及定西市政府的大力支持，生态旅游产业逐步培育壮大，以 AAAA 级遮阳山旅游风景区为主的旅游业成为新联村的支柱产业。

第三节　核心理念

一、景村联动发展

强化"农旅融合"的发展理念，植入特产销售、娱乐休闲、餐饮住宿、民俗体验等诸多服务业态，发挥临近遮阳山景区的优势条件，注重村庄产业发展及空间结构与遮阳山景区深入融合，打造更丰富的旅游体验项目，满足游客多层次、多元化的需求，与遮阳山景区一同构建"吃、住、行、游、购、娱"六要素齐全的农旅融合体，实现景村融合、全面发展。

二、特色风貌传承

挖掘新联村地域文化特点，体现本土文化特征，保留原始村落风貌，并与山水田园相融合，营造独具特色的聚落人文景观，全面提升新联村文化底蕴和特色魅力。保护村庄自然生态环境和文化遗产，延续传统景观特征和地方特色，保持原有村落格局，展现民俗风情，弘扬传统文化，倡导乡风文明。

三、节约建造成本

贯彻资源保护和节约利用原则，贯彻执行资源优化配置与调剂利用，切实执行"节地、节能、节水、节材"的方针，提倡自力更生、就地取材。新联村背倚青山，山石及林木资源丰富，建设用材多为当地山石、卵石，造景植株选用山林中自然生长的油松、侧柏、国槐等，在降低建造成本的同时，也缩短了施工周期。

四、保证公共空间

多种方式增加村庄公共空间，保证村民及游客的活动空间，增加绿化空间、设施空间、街巷空间及文化展示空间。加强村庄公共空间建设，提升村庄人居环境品质，合理进行公共空间选址，为乡村文化活动提供场所，并注重与自然景观、商业设施、公共绿地相协调，展现环境优美、风貌协调的美丽村庄景象。

第四节　规划重点

一、民居建筑改造

1. 建筑元素提取

漳县地处甘肃陇中地区，民居多为传统合院式建筑，部分建筑呈现出徽派建筑的意境。新联村民居建筑多为土木结构，坐北朝南，以上房为主，两侧或单侧设有厢房。民居建筑以单坡硬山顶为主，上房和厢房之间有明显的等级之分。建筑结构体系以木结构为主，结构为抬梁式建筑，门窗等附属构件皆为木质构件。

屋顶构造多为青砖砌筑屋脊，屋面为合瓦屋面，垂脊为筒瓦脊。受到地域及建筑材料的限制，新联村民宅主要建筑用材为黄土、木材、砖石等，村庄主要色彩为土黄色、木色、青灰色等颜色。墀头不同于一般竖直样式，在与屋面交接处墀头变为弧形，自然贴合屋面（图 13-5）。

图 13-5　屋脊、屋面、门窗、墀头等建筑构件

2. 建筑改造原则

综合现状建筑质量、建筑风貌及规划区性质，将既有建筑分为保留整治类、改造提升类和修缮加固类三种（图 13-6～图 13-8），分类对其进行改造引导。

图 13-6　保留整治类建筑

(a)　　　　　　　　　　　　　　(b)

(a)　　　　　　　　　　　　　　　(b)

图 13-7　改造提升类建筑

(a)　　　　　　　　　　　　　　　(b)

图 13-8　修缮加固
类建筑

1）保留整治类建筑

建筑特点：建筑质量较好，与周边风格相协调的现代建筑及传统建筑；近期建设或近期进行过建筑外观改造的建筑，建筑外观及建筑构件无明显破损，经简单修缮后外观可得到较大提升的建筑。

改造措施：修补建筑构件损坏或墙面涂料脱落的问题，针对已进行瓷砖贴面的民宅引导村民定期对建筑外墙面进行清洗。

2）改造提升类建筑

建筑特点：建筑质量较好，但建筑外立面及屋面与周边环境不相协调；屋面构件出现破损，屋面材质为彩钢、石棉瓦等材质，颜色过于鲜艳的建筑；墙面墙皮脱落严重，烟熏痕迹严重；与村庄整体风貌不相协调的建筑。

改造措施：根据村落及所处区域的风格特点进行建筑外观改造，邻近旅游景区、有旅游发展需求的村落采取生态稻草漆进行墙面粉刷，其他村落民宅选用白色、灰色涂料进行喷涂，统一主要景观节点处建筑及重要商业建筑店招形式，增设灯笼、景观灯等装饰性构件，营造商业氛围。

3）修缮加固类建筑

建筑特点：建筑质量较差，建筑结构出现明显损坏，院墙出现明显倾斜，村民采取木棍进行支撑防止倒塌；建筑及院墙结构为土坯结构，已出现明显倾斜；建筑结构质量不满足当地抗震标准，存在安全隐患。

改造措施：根据建筑结构损坏情况进行评级，分类进行修缮加固或重建处理。重建建筑或院墙应与周边建筑及整体风貌相协调。

3. 建筑改造方式

针对不同建筑类型，不同使用需求的建筑分类进行改造设计。由于遮阳山景区入口处建筑群为西北传统建筑风格，规划将临近景区、有潜力改造为旅客接待中心、民宿、餐饮、娱乐休闲等商业服务类建筑设计为传统风格的建筑。屋面建议采用小青瓦铺成合瓦屋面，门窗更换为木质或木色仿古金属门窗，选用生态稻草漆重新粉刷墙面、石砖贴墙裙，统一门楼及围墙的形式，营造古朴的商业氛围（图13-9）。远离旅游景区、受到旅游辐射较小的村庄则以人居环境改善、村庄风貌提升为主。延续白墙灰瓦的风格特点，采用白色涂料对建筑墙体进行重新粉刷，并对墙裙和包墙角进行美化处理。

图 13-9 建筑改造方式

二、景观节点设计

1. 整体空间环境相协调

在布局上，结合村庄地理环境、住宅分布和村民需求等，近景区入口处增建景观节点并与遮阳山景区游览线路相协调，构建乡村游览路线，沿线打造特色开敞空间。沿景区入口界面布局开敞空间，与西溪河道景观相衔接，增设景观小品及座椅，营造商业氛围，强化与景区交通系统的联系。针对临街商业院落，规划建议降低既有院墙高度至半米，打通院内与街巷空间的视觉联系，形成内外相互交流的空间。完善村庄公共交通网络，延伸乡村公共空间的服务范围，强化景区对村庄的带动效应（图 13-10）。

(a)

图 13-10 村庄与整体空间环境相协调

(b)

2. 满足多种功能需求

不断开发和拓展新的社会功能，逐步实现公共空间的均衡分布，提供多样化的社会服务，满足不同群体的社会需求。

1）强化适老适童的设计理念

新联村内老年人及儿童较多，规划设计时注重遵循"适老适童"的理念，针对村庄人群构成特征，强化生活型和娱乐型公共空间的供给，如提供广场舞场地、健身广场、儿童活动场地等，并注重无障碍设施的建设，降低进入乡村公共空间的限制条件，保障弱势群体的公共空间权益。场地的设计中同样要注重易交往的设计，在空间布局中，注重小尺度的静态、半封闭式休憩空间的设计，满足老年人、儿童对安全感、安静环境的需求（图13-11）。

(a)

(b)

图 13-11　适老适童的设计方式

2）补齐村庄公共服务设施短板

一是提升公共服务水平。对戏台外观加以改造，更换原有屋顶为灰瓦屋面，拆除戏台正立面墙体，增加护栏，使戏台更为开敞。更换戏台前开敞空间的地面铺装，通过不同类型的铺装进行功能划分，界定观影区、休憩区、绿化区等（图13-12）。

二是补齐公共服务设施短板。在公共空间设计过程中，结合既有场地，建设村民活动站、文化站、健身设施及宣传设施等公共文化服务设施，改善村庄配套基础设施，提升宜居水平。对村内广场进行改造，考虑到村内停车空间较为匮乏，规划对广场进行空间划分，界定停车区域，铺设植草砖，并以绿化带与广场相隔，保证停车与活动空间的独立。

图 13-12 村庄戏台
改造设计

三是进一步提高全村绿化水平。由于村内道路较窄，规划建议挖掘宅前屋后的零散空间打造村庄小型绿地，选取槭属、李属、桃属等季相变化明显的景观树种，丰富节点景观，形成由道路串联，绿化散点排布的绿化形态。建议村民清理庭院杂草杂物，零乱堆垛，种植果树、蔬菜、瓜果等植物，美化院内及街巷绿化效果。

3）兼具服务游客及商户的功能

沿主要对外联系道路（212 国道）处的景观节点的广场空间要适当考虑游客集散功能，适当增加场地面积、休憩座椅、景区入口标识、垃圾桶、宣传栏、指引标牌等，疏解景区交通及人流压力。

3. 体现在地文化特色

1）建筑特色

当前新联村并没有形成较为统一协调的村庄风貌，规划建议增加坡屋顶、平屋顶加装封檐瓦改坡、生态稻草漆进行墙面粉刷、改造建筑门窗、增加传统门楼等一系列举措进行建筑风貌改造，体现陇中南地区传统民居特色，统一村庄风貌类型，与遮阳山景区相互协调（图 13-13）。

2）乡土植物

一是打造田园风光景观。保留并梳理农田菜地，增设木质矮围栏，界定田园空间，规范农作物种植品种，增加田园景观绿化，打造有序的农村田园风光。二是打造山林生态景观。对现有高大树木进行保留，补植部分观花小乔木，树种选择上选取槭属、李属、桃属等季相变化明显的景观树种，丰富场地植物色彩，补植花卉、灌木等低矮植物，营造乔灌草结合的自然生态景观。

图 13-13 村居建筑改造效果

3) 乡土材料

村庄整治建设选材方面采用就地取材的原则，护坡、矮墙及花坛花池等设施砌筑时优先考虑选用当地山石、砖瓦等材质，场地铺装用材选用毛石、片石、砖瓦等，体现在地景观及田园特色（图 13-14、图 13-15）。

三、重点地段设计

1. 国道沿线

新联村下辖 5 个村民小组，空间布局上呈现出由 212 国道"串糖葫芦"式的串联的形态。国道沿线的风貌提升设计对新联村整体的改造效果至关重要。将国道沿线界面按照临山、临水、临田、临房分成四种类型，分类进行指导实施（图 13-16）。

石砌花坛选型示意图

砖砌花坛选型示意图

图 13-14 山石、砖瓦砌筑花坛

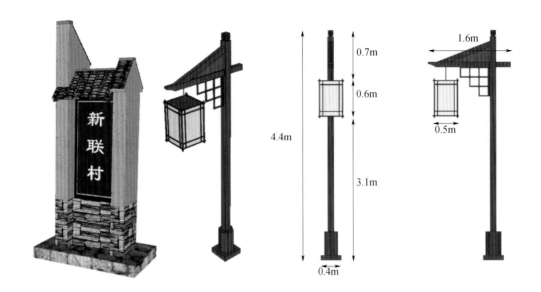

图 13-15 雕塑及路灯设计选用当地木石等乡土材料

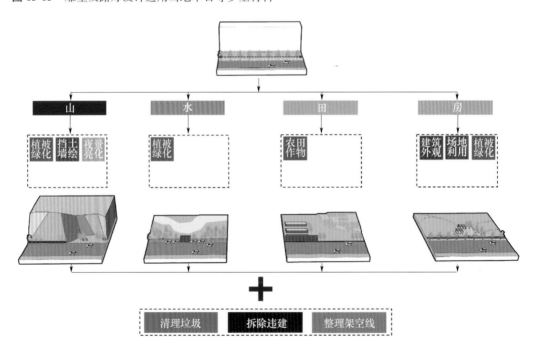

图 13-16 国道沿线
界面分类

1）临山界面

清理国道两侧土质坡地，种植落叶松、侧柏、沙棘、刺槐等适应性强、易成活的乡土树种对两侧山体进行绿化。补植红叶李、榆叶梅等观花观叶，季相变化明显的植物，丰富国道沿线山体景观效果。结合山体走势及景区夜景照明，设置景观射灯，与遮阳山景区一同构建夜景照明系统。宜选择柔和、温暖的灯光效果。

2）临水界面

在既有河道绿化的基础上补植垂柳、连翘、绣线菊、复叶槭等植物，增加种植密度。在河道与国道交叉的桥梁路段，补植芦苇、菖蒲、柳树等亲水植物，丰富漳河界面景观效果、增加四季的色彩变化。

3）临田界面

垂直于道路成带间隔种植两种或两种以上生长季节相近的农作物或中药材，以呈现沿路景观有序变化的农田景观。道路两侧仅种植乔木，地被植物及草本花卉，避免灌木对行人视线产生遮挡。农作物品种除玉米、小麦等粮食作物，也可部分种植蚕豆、蔬菜、中药材等经济作物。在村庄居民点附近采用"木篱＋行道树"的方式将车行空间与农田空间加以界定，起到人为景观向自然景观过渡的作用，也能较好地体现田野风光。

4）临房界面

临房界面是国道沿线距离较长的界面，主要改造内容包括建筑外观改造、临路空闲场地利用、增加植被绿化等。统一建筑外墙、院墙及建筑构件样式，墙面增加铁艺装饰，面积较大的墙面或较长的院墙可用作红色主题、自然风光或民俗风情主题的墙体彩绘，体现本地文化特色。高效利用道路两侧空闲场地，进行绿化种植、打造小微活动场所，构建较为连续的交通界面。

2. 漳河沿线

漳河自西南向东北，贯穿全县县境，是漳县的"母亲河"。规划按照人工河道改造、两侧堤岸改造、自然岸河道改造将漳河沿线整治内容进行划分，分类进行指导实施（图13-17）。提升漳河及其支流河道两岸风貌环境，与遮阳山风景区相协调，更好地服务村庄旅游业发展。

图 13-17 漳河沿线界面分类

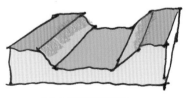  

(a) 人工河道改造类　　　　(b) 两侧堤岸改造类　　　　(c) 自然岸河道改造类

1）人工河道改造类

一是对人工河道两侧护坡进行修缮改造。由于漳河的防洪要求较高，在丰水期河流水量较大，流速较快，护坡的选择不适宜过多选用生态型护岸，应以工程型护坡为主。二是新增人行桥梁，强化河道两侧沟通。规划新增一处铺里健身广场至漳河北岸人行桥梁，结合当前漳河北岸林地打造滨河林地公园。三是新增滚水坝，积蓄河水，增加水域面积，丰富漳河景观（图 13-18）。

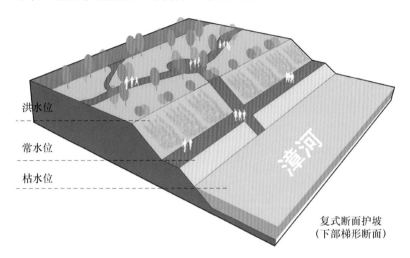

图 13-18　人工河道改造示意图

2）两侧堤岸改造类

梳理河道两侧树丛、荒地，补植不同的绿化树种，在河道两侧较为宽阔林地内打造自然式滨河林地公园，以自然树木为底，穿插布设半悬空栈道，增设生态型娱乐设施及景观雕塑，丰富游客体验。

3）自然岸河道改造类

采用灌草结合的方式对自然岸河道河段进行绿化，主河槽附近主要以草本植物绿化为主，河道两岸以低矮花灌木带状种植增加河段植被覆盖，局部水源条件好的区域种植水生植物，达到"有水则清，无水则绿"的景观效果。

第五节　规划思考

新联村地处我国西北欠发达地区，区位、资源、文化等均不能与其他发达地区同日而语，但新联村的生态优势十分突出，又有资本介入创办旅游景区，如何把生态优势变为生活质量优势是新联村的发展方向，也是众多与新联村一样缺少资源、缺少人才、缺少文化积淀的偏远乡村共同的问题。

乡村规划建设中尤其要注重与产业相融合发展，新联村的特色产业即旅游服务业，在村庄发展建设过程中，从整体风貌、景观塑造、开敞空间、游览线路、动静交通等方面处处与旅游景区相协调，通过旅游产业带动村庄发展。乡村规划建设中也要注重村庄特色文化的传承，从文物古迹、民俗文化、建筑特色、历史传记等方面深挖当地特色文化，以多种设计手法进行表达，建设选材多使用乡土材料，体现本土特色，并处理好村庄与环境的关系，避免"千村一面"，体现当地人文特色、乡村生活及时代精神。

第十四章 县域统筹村镇建设管理调查研究

村镇建设工作既是单个村庄和城镇的建设工作，又是村镇建设领域全局性工作。多年来，我国开展村镇建设工作，一般从村镇建设专业技术领域出发，开展农房建设、重点镇建设、特色景观旅游名镇名村、危房改造、传统村落、农村垃圾治理、污水处理等，均是从部门管理角度出发，开展技术指导、试点示范等工作，重视了"条条"，忽视了"块块"。县级行政单元是推进村镇建设工作的重要区域单元，开展县域统筹推进村镇建设工作，能够有效地将村镇建设工作纳入县域工作全局，对于开展好村镇建设工作具有重要意义。

为摸清全国开展县域统筹村镇建设工作的主要做法和经验，研究探索从县域层面开展村镇建设工作的新思路，本章通过选取典型县区作为研究对象，开展县域村庄规划建设管理体系调查研究，分别在我国东中西部地区选取县域统筹村镇建设工作较好的典型县区，重点调查县域统筹村镇建设开展情况和经验做法，包括三产融合、公共设施共建共享、村镇建设体制机制等方面。旨在总结具有代表性的主要做法，并总结经验，为下一步国家做好县域统筹村镇建设工作提供借鉴。

第一节 调查方法

一、选取典型区县

为确保调查研究既具有县域统筹村镇建设工作优秀做法的典型性，又具有一定的普遍代表性，本次调查对象充分考虑到区域的代表性，分别在全国东、中、西部各选取1~2个县作为调查对象。同时，通过征询有关主管部门意见，选取县域统筹村镇建设开展较好的县区，分别是浙江省安吉县、安徽省全椒县和陕西省大荔县及西安市长安区（表14-1）。

表 14-1 全国东、中、西部典型县区及其特征

地域	典型县区	县域统筹村镇建设特征
东部地区	浙江省安吉县	改革开放以来，持续推进开展村镇建设有关工作，分阶段制定规划目标，改善人居环境，创建美丽乡村，加强法规、技术要求制定和制度建设，逐步形成了美丽乡村建设"安吉模式"
中部地区	安徽省全椒县	从县域角度出发，编制县域村镇建设规划，统筹县域城乡资源，推进基础设施、产业发展、公共服务县域优化布局，取得积极成效
西部地区	陕西省大荔县、西安市长安区	基于现实情况，因地制宜地开展美丽乡村建设，推进共同缔造，发挥政府部门、社会力量、村集体和村民等共同开展美丽乡村建设

资料来源：笔者自绘。

二、组织座谈

根据调查目的，本调查主要采取座谈会方式，与典型县区有关部门管理人员、乡镇主要领导及村镇建设管理人员、村干部等座谈，了解其在县域统筹村镇建设工作中的主要做法、取得成绩及存在问题等内容。并收集有关政策文件、统计资料等，进行分析研究。

三、实地走访

实地走访典型建制镇、村庄等，实地踏勘了解村镇建设的主要做法、成效及存在问题，并与当地村民进行访谈，了解村民诉求、意见等。2019 年 8 月到 9 月调查组先后走访浙江省安吉县、安徽省全椒县、陕西省大荔县及西安市长安区，调查了 5 个乡镇（街道），18 个村庄，分别与县、镇、村各级政府管理人员、村民座谈。

第二节　县域统筹村镇建设的主要做法

一、重视县域统筹村镇建设顶层设计

1. 将县域村镇人居环境建设作为做好村镇建设的头号任务

近年来，从全国范围来看，从中央、省级到基层各级政府对农村人居环境、小城镇环境整治重视程度不断提高。从调查的县区来看，政府和有关领导高度重视。浙江省近 20 年持续不断地改善农村人居环

境，关停污染企业、清理坑塘沟渠、开展村庄整治、小城镇综合整治等工作，持续不断地提升乡村地区人居环境质量。安吉县作为浙江省美丽乡村建设的代表，在积极落实上级村庄整治和小城镇综合整治各项工作的同时，不断提高自身村镇建设标准和要求，分阶段实施全域美丽乡村建设，最终形成安吉模式、安吉品牌（图 14-1）。陕西省大荔县、长安区在村镇建设方面成绩突出，县区政府和有关主要领导重视更为明显。大荔县建立美丽乡村建设领导小组办公室专门推动美好乡村建设，加大村镇建设财政投入、加强美好乡村建设考核。长安区同样重视村镇建设，通过创建花园村庄、花园乡镇，增加财政投入，通过积极争取各部门项目和资金等方式，推进美丽乡村和小城镇建设（图 14-2、图 14-3）。在现行体制下，领导重视是工作有效推进的根本前提。近年来随着全国改善农村人居环境等工作的开展，各地大部分地区对农村人居环境建设重视程度有了明显提升。

图 14-1　浙江省安吉县美丽乡村

图片来源：笔者自摄

图 14-2　陕西省大荔县美丽乡村

图片来源：大荔宣传

图 14-3　陕西省长
安区美丽乡村

图片来源：笔者自摄

2. 注重规划设计引领，强化政策和技术引导

各地在开展村镇建设工作过程中，已经把规划设计作为重要工作之一开展。安吉县先后编制了《安吉县县域村庄布点规划》《安吉县"中国美丽乡村"建设总体规划》《安吉县县域乡村建设规划》《安吉县农村社区建设总体规划》等，从县域层面统筹推进乡村建设。安徽省全椒县也先后编制《全椒县村庄布点规划》《全椒县县域乡村建设规划》等相关规划。在推进美丽村庄和小城镇建设过程中，安吉县注重规划设计的引领作用，积极编制村庄规划、小城镇综合整治规划等，有效改善村镇环境、提升设施水平、传承历史风貌等。这些村庄和小城镇规划设计的实施，极大地提升了村镇建设水平，并起到了很好的示范引领作用（图 14-4）。

图 14-4　安徽省全
椒县美丽乡村

图片来源：笔者自摄

在此过程中，各地不断制定和完善各项村镇建设管理制度、技术导则、技术要求等。例如安吉县制定《安吉县农村生活污水处理实施操作指南》《安吉县农村生活污水处理工程长效管理实施办法》《安吉县农房改造建设示范村工程实施方案》等一系列村镇建设管理制度、技术规范等，有些甚至通过县级人民代表大会等形式，固化成为长效管理措施，有效保障了村镇建设工作的顺利推进。

3. 以县域开展试点示范、称号创建等工作为抓手统筹推进实施

与城市建设管理方式不同，村镇建设管理因为缺乏观念上的支撑，没有稳定的财政预算，难以形成长效投入。当前，比较有效的措施是采取试点示范、创建各种称号等方式，逐步改变观念，增加投入，建立机制。浙江省级层面开展的"千村整治，万村示范"工程、小城镇综合整治工程有效地推动了全省村镇建设整体水平提升。安吉县通过创建"中国美丽乡村"活动，在全县域范围内将美丽乡村建设进一步提升档次。西安市长安区通过"三三三"战略创建"花园乡村""花园街道""花园城镇"推进村镇建设。大荔县通过创建"美好乡村"改善农村人居环境。区别于城市建设有稳定投入机制，村镇建设没有形成长效机制及统一观念，通过试点示范、称号创建等方式实为"权宜之计"，但现阶段确实成为推进村镇建设的有效手段。

二、县域统筹推动资源、要素城乡一体化布局

1. 县域统筹开展人居生态环境整治

顺应全国环保形势要求，各地加强全域环境治理工作，有效地改善了农村环境。近年来以县区为单位，统筹推进全域环境保护工作，取得重大进展。如安吉县从20世纪90年代就开始关停污染企业，清理坑塘沟渠，统筹县域产业布局，加强县域环境治理。全椒县县域一盘棋，加强植被绿化，治理坑塘水库，关停生态红线内旅游餐饮等项目，改善生态环境。西安市长安区大力清理秦岭山麓违章建筑，恢复生态环境。各地采取这一系列措施，有效地改善了全县域的环境质量和生态条件。这些都是从县域统筹角度开展工作，既是县域全局性工作，又改善了农村人居环境。

近年来，随着全国改善农村人居环境工作的推进，各地对改善农村人居环境工作重视程度不断提升。农村垃圾、污水、村庄整治等工作不同程度地推进，对改善农村人居环境起到了积极的作用（图14-5）。

(a)　　　　　　　　　　　　　　　　　(b)

2. 县域统筹城乡公共设施布局

　　公共设施和服务投入是地方政府，尤其是区县政府的重点工作之一。县域统筹教育、医疗、社会服务等资源方面的工作开展相对较好。从调查县区来看，中小学学校、教学点，卫生院、卫生室，图书室、活动室以及健身广场、器材等，基本能够根据人口分布和流动特征进行优化调整，县域统筹布局公共资源配置。如全椒县适时撤并缺少学生、师资难以匹配的学校，设置教学点。安吉县工业园区附近为外来人口居住集聚区配置学校、集贸市场、健身娱乐活动场所等（图14-6、图14-7）。

图 14-5　安吉县农村人居环境建设

图片来源：笔者自摄

图 14-6　安吉县居住区集贸市场

图片来源：笔者自摄

图 14-7 安吉县工
业园区夜宵大排档
图片来源：笔者自摄

3. 通过土地整理、撤村并点等推进城乡土地资源综合利用

各地通过土地征地制度，土地增减挂钩、占补平衡等政策，推进村庄布局优化，开展撤村并点等工作，将结余的土地指标用于城市建设。这已经成为各地推进城乡土地资源综合利用的普遍做法。一方面，通过优化全县域的村庄布局，将即将消失的村庄进行迁并，统筹配置公共服务、基础设施等，能够有效改善农村人居环境和农民生活水平；将结余的土地指标用于城市建设，也能够有效统筹城乡要素，推进城乡有序发展。另一方面，如果操作不当，也会出现建设大规模农村社区，农民集中上楼，农民生活不便，甚至形成新的问题。统筹协调好城乡发展，对于村镇可持续发展，传承村镇乡土特色等方面具有重要意义。

4. 统筹县域产业发展布局

统筹县域产业发展是优化空间布局，改善县域整体环境的基础。主要做法为县域统筹安排工业入园区，集中布局工业；推进农业产业化、规模化发展，壮大村集体经济；根据乡村资源特点，有针对性地发展"农文旅"产业（图 14-8、图 14-9）。通过调查发现，虽然各地发展阶段和水平不同，但发展模式比较一致。通过统筹县域产业发展布局，优化了空间资源利用，提供了推动县域村镇建设的基础，并改善了原来违法占用基本农田、农村小企业监管难等造成的环境污染现象。

图 14-8　安吉县康
山村煤矿文化园

图片来源：笔者自摄

图 14-9　全椒县园
区喜鹊酒吧

图片来源：笔者自摄

三、统筹分类推进村庄布局优化

1. 挖掘乡土资源、农文旅融合、支农惠农政策推动村庄发展

挖掘乡土资源，面向城市市场开展农文旅项目，已成为村镇发展的新潮流。利用支农惠农政策，引入农业企业和村集体合作共同推进村庄建设发展也成为主要手段之一。安吉县大竹园村利用良好的生态资源和传统文化资源，引入外部工商资本和运营团队，发展民宿、观光体验等活动；安吉县蔓塘里村在优良生态环境和传统民居资源基础上，引入运营团队，打造灯光秀、"网红"等旅游 IP，发展乡村旅游（图 14-10）。全椒县将支农惠农政策综合利用，在二郎口镇太平村引入专业农业企业，通过土地流转，规模化种植碧根果，形成企业、村集体、村民良性互动发展机制（图 14-11）。

图 **14-10** 安吉县蔓
塘里村夜间经济
图片来源：笔者自摄

图 **14-11** 全椒县二
郎口镇碧根果种植
基地
图片来源：笔者自摄

2. 改善村镇基本公共服务和人居环境

对于长期存在而又没有特殊资源的一般村庄和小城镇，采取
的方式为改善基础设施和公共服务。如安吉县安城村，原为撤乡
并镇后的集镇所在地，安吉县通过改善道路、污水、垃圾等基础设
施，提升村庄村容村貌等方式，改善人居环境，提升居民生活水平。
全椒县为 14 个乡镇配置标准化图书馆、活动室、体育器材、室外健
身广场等，对于整体改善农村人居环境和公共服务起到重要作用

（图 14-12）。大荔县通过美好乡村建设，将全县村庄公共环境卫生、垃圾收集运转处理等工作整体改善（图 14-13）。但从调查来看，此类项目多为一次性投入，尚未形成长效机制。

图 14-12 全椒县二郎口镇公共设施配置

图片来源：笔者自摄

图 14-13 大荔县村庄公共环境卫生

图片来源：笔者自摄

四、加大农村人居环境建设投入

1. 政府投入开展农村人居环境建设

从调查来看，各级政府投入是改善农村环境的根本前提，尤其是公共环境、基础设施和公共服务等方面。主要来源有上级各类试点示范、各部门项目资金、县级政府财政投入等。从调查县区来看，普遍做法一是通过各种渠道争取各种资金，统筹用到村镇建设上，逐步积累形成村镇建设良好局面。例如安吉县积极争取上级各项试点示范，鲁家村成为全国明星村，其争取上级各部门资金累计达上亿元。长安区将"跑部门""进高校""进省厅"作为争取资金和项目的重要"法宝"。二是积极增加县级财政投入，安吉县、全椒县、长安区、大荔县，均是因领导重视才增加相关财政投入，开展村镇建设。如长安区每年安排 1 亿元资金开展花园乡村和花园城镇建设，有效提升了村镇建设水平（图 14-14）。但是由于没有稳定的财政预算投入，资金规模与城市建设投入规模无法相比。

图 14-14 长安区花园乡村建设成果

图片来源：笔者自摄

2. 引入市场机制运营公共服务

通过引入市场机制改善农村饮用水供给、垃圾处理、污水处理等成为改善农村公共服务和人居环境的重要方式。安吉县、全椒县均引入自来水公司、垃圾收运、污水治理企业，通过政府购买服务的方式运营相关项目。从调查中了解到，这种运营机制能够有效改善农村公共服务和人居环境，但由于农村地区居民点分布分散、距离远等特点，收运成本和敷设管线等成本相对较高，所需资金需要县财政投入，形成长效机制有一定困难。

3. 村集体和村民投入

村集体和村民投入是村镇建设来源之一。调查中发现，村庄有村集体收入的较少，而且即使有村集体收入，水平也相对较低。村民投入机制也尚未形成。对于像安吉县这种发达地区的村庄，尤其是有山林等村集体资产的村庄，开展村庄建设会有较好的集体收入保障，而在中西部地区，对于村集体基本没有收入的村庄，难以保障投入。

五、开展共同缔造，动员村民、社会参与

采用共同缔造的方式，动员村民、社会参与村庄建设，是一个开展村庄建设的重要方式，能够有效调动各方力量，共同开展村庄建设。安吉县鲁家村通过"村民变股民"调动村民积极性，参与村庄发展建设，起到很好的效果。大荔县严通村通过共同缔造，引导村民投工投劳，通过收取卫生费制度，调动村民持续关注、主动参与和自觉维护村庄建设与环境提升。长安区利用区内 34 所高校资源，积极对接高校，引入设计团队、文创团队，参与村镇建设，提升设计水平和产业发展质量，起到良好效果（图 14-15）。

图 14-15 西安市长安区就地取材村庄规划建设

图片来源：笔者自摄

第三节　经验总结

一、以县级试点示范为抓手，推动县域村镇建设

在当前行政管理体制和投入机制下，村镇建设尚未形成长效机制。通过开展试点、示范、创建各种称号等活动，普及村镇建设重要性，应当增强财政投入的观念，解决村镇建设当前面临的实际问题，探索逐步建立村镇建设长效投入、管理机制。

二、建立协调机构，统筹推进村镇建设

从调查中了解到，国家高度重视农村建设发展，各级各部门对农村地区有诸多项目和资金投入，但大多因没有协调机制，各部门条块分割，导致资金利用效率低。从县域统筹角度，成立如小城镇

综合整治办、美好乡村办公室等机构，统筹各部门涉农人员、资金、资源等共同统筹推进村镇建设。这样既能满足上级部门要求，又能统筹资金和项目共同推进村镇建设发展，避免"撒胡椒面"。

三、拓宽资金渠道，加大村镇建设投入

资金投入是开展村庄建设的基本保障。应当积极引导县级财政投入，形成长效机制。积极争取上级各部门项目和资金支持。引入市场机制，引导社会资本投入。积极对接地方企业、能人等，统筹利用好社会捐赠。积极壮大村集体经济，保障村庄建设长效投入。积极引导村民参与，共同缔造，投工投劳。

四、建立村镇建设长效机制

借鉴安吉县通过县人民代表大会立法等形式，形成村镇建设的长效机制。将各项村镇建设管理制度、办法、技术导则、规划设计等，通过县人民代表大会、常务会等形式固化成制度，长效推进村镇建设发展。

五、建立考核评价机制

任何工作推进，必须要有考核评价机制。借鉴湖州和安吉做法，通过定期检查和不定期抽查方式，对村镇建设工作进行考核。借鉴长安区通过人大、政协监督的方式，推进花园乡村和花园城镇建设，通过观摩会、评比打分等形式，开展互相学习、评比活动，推动村镇建设整体发展。

第十五章　浙江省安吉县县域美丽乡村规划建设调查

受住房城乡建设部村镇建设司委托，中国建筑设计研究院组织调查组赴安吉县开展县域统筹村镇建设调查，重点调查我国东部地区县域统筹村镇建设开展情况和经验做法，包括三产融合、公共设施共建共享、村镇建设体制机制等方面。从 2019 年 8 月 7 日到 8 月 9 日调查组先后走访安吉县递铺街道、鄣吴镇、安城集镇 3 个乡镇（街道），鲁家村、康山村、大竹园村、曼塘里、横塘村 5 个村庄，与县、镇、村各级座谈 6 次。

第一节　安吉县基本情况

安吉县隶属于浙江省湖州市，建县于公元 185 年，取《诗经》"安且吉兮"之意得名。县域面积 1886 平方千米，户籍人口 47.07 万人，其中城镇人口 17.54 万人，农村人口 29.52 万人。安吉县地处长三角经济圈腹地，受上海、杭州等大城市经济辐射。2018 年安吉县全年生产总值 404.32 亿元，同比增长 8.3%，三次产业增加值结构为 6.5：44.1：49.4。安吉县人均生产总值 86099 元，同比增长 7.8%。安吉县境内生态环境良好，植被覆盖率 75%，森林覆盖率 71%，空气质量一级，水质常年 Ⅱ 类以上，被誉为"气净、水净、土净"的"三净"之地。

安吉县下辖 8 镇 3 乡 4 街道，39 个社区居民委员会和 169 个村民委员会。安吉县经过 20 多年的努力，探索出了一条县域统筹的村镇建设健康发展之路。逐步实现了县域经济发展、生态环境改善、公共设施提升、乡村产业发展。截至 2018 年年底，安吉县完成美丽乡村建设全覆盖，累计建成"中国美丽乡村"187 个村。其中精品示范村 44 个、精品村 133 个、重点村 8 个、特色村 2 个、乡村经营示范村 5 个（表 15-1）。（数据来源于《2018 年安吉县国民经济和社会发展统计公报》）

表 15-1　安吉县所获荣誉列表

序号	称号	授予时间	授予部门
1	国家级生态县	2006 年 6 月	环境保护部
2	全国首个新农村与生态县互促共建示范区	2007 年 9 月	国家环保总局
3	全国休闲农业与乡村旅游示范县	2009 年 2 月	农业部、国家旅游局
4	国家可持续发展试验区	2009 年 10 月	科技部
5	联合国人居奖	2012 年 9 月	联合国人居署
6	中国金牌旅游城市	2015 年 5 月	亚太旅游联合会
7	"绿水青山就是金山银山"理论实践试点县	2017 年 9 月	环境保护部
8	国家森林城市	2018 年 9 月	国家林业和草原局
9	国家生态文明建设示范县	2018 年 12 月	生态环境部

第二节　村镇建设主要做法

一、生态环境治理，基础设施建设

20 世纪 80 年代，安吉县交通条件落后，工业基础薄弱，是浙江省 25 个贫困县之一。为实现经济发展，安吉县走"工业强县"之路，引进了大量的资源消耗型或环境污染型企业，生态环境急速恶化，被列为太湖水污染治理重点区域。同时，乡村地区因缺少产业支撑，基础设施和公共服务缺乏，农村人居环境恶化，人口流失严重，严重影响安吉县健康可持续发展。2003 年，安吉县以浙江启动"千村示范、万村整治"行动为契机，大力开展县域农村人居环境整治建设。

1. 主要做法

1）加强生态环境整治，改善县域生态环境

推进生态环境治理，首先要加强生态环境治理立法、执法工作。2000 年，安吉县人大通过了《关于实施生态立县——生态经济强县的决议》，制定了生态立县战略。政府关闭污染企业，不断完善生态环境监察执法机制，强化生态环境统一监管，采取专项执法、联合执法等多种形式，坚决制止生态环境违法行为。强化生态环境治理制度建设，加强实施与考核，先后出台《安吉县生态文明建设纲要》《生态县建设总体规划》《开展全国生态文明建设试点工作的意见》等相关政策，并制定年度实施方案，构建县级生态文明建设考核指标体系，进行逐级考核。强化生态环保宣传，安吉县委、县政府将 3 月 35 日定为全县"生态环境日"，将其作为动员公众广泛参与生态县建设的载体与平台，增强全县人民的生态环境保护意识。

2）开展村庄整治与示范工作，改善农村人居环境

县级层面统筹协调，加强组织领导。安吉县成立工作协调小组统筹推进"百千工程"，领导小组下设办公室负责日常工作，办公室下设三个指导组负责村镇规划建设、百村整治、环境督察等。县级各部门分工明确，其中规划建设工作由县规划建设局指导，整治工作由县农办指导，督察工作由县委督察室落实。县委、县政府先后召集多次村庄环境整治和示范村建设现场会，推动村庄整治和"百千工程"的开展。

开展"五改一化"（改路、改厕、改水、改房、改线和美化环境）为主要内容的农村人居环境整治工作，推进区域成片整治和一批老集镇提升，形成一批村庄环境整治景观带和精品集群。如安城集镇整治，对集镇的入口广场、公园等区域的建筑风貌、场地环境等进行艺术处理，增设桃城、南门、汪婆公园等公共活动空间，完善集镇基础设施，从而提升集镇的商业活力和旅游价值（图 15-1、图 15-2）。

图 15-1　安城集镇街道改造前

图片来源：网络宣传

**图 15-2 安城集镇
街道改造后**
图片来源：笔者自摄

实施"双十村示范、双百村整治"工程（"两双工程"）。主要集中攻坚工业污染、违章建筑、生活垃圾、污水处理等突出问题，因地制宜地推进村庄环境整治，集中培育若干精品村庄，形成一批典型示范点（图 15-3、15-4）。

在山区和平原地区开展实施"五整治一提高"（对畜禽粪便、生活污水、生活垃圾、化肥农药、农村河沟五方面的污染整治，提高村庄绿化率）工程试点，把村庄环境整治拓展到农村生产生活的主要领域。

**图 15-3 大竹园村
生活垃圾收集点**
图片来源：笔者自摄

图 15-4　安吉县
"两双工程"示范点

图片来源：笔者自摄

2. 主要成绩

县域生态环境有效改善。通过生态环境治理，安吉县严重污染企业全部关停，水体污染、大气污染等得到有效遏制，群众环保意识明显增强。2006 年安吉被命名为首个"国家级生态县"，4 个乡镇成为全国环境优美乡镇，8 个乡镇成为省级生态乡镇，6 个村成为市级生态村，5 个村成为省级绿化示范村（图 15-5、图 15-6）。

农村人居环境明显提升。全县拆除违章建筑 4.4 万平方米，沿路、沿线、沿景区的村庄环境明显改善。全县完成 238 个村（点）的环境整治，8 个村成为省级全面小康示范村。村庄环境整治累计受益 28.2 万人，受益人口达 81%。如横塘村安置村民集中居住，搬迁居民每户均配置"小洋楼"式的独栋住宅，方便基础设施、公共服务设施共建共享，同时加强绿化美化，实现了农村人居环境的整体提升（图 15-7～图 15-9）。

图 15-5　安吉县大
竹园村

图片来源：笔者自摄

图 15-6 安吉县康
山村
图片来源：笔者自摄

(a)

(b)

图 15-7 横塘村住宅风貌图
图片来源：笔者自摄

图 15-8 康山村人
居环境
图片来源：笔者自摄

图 15-9　灵峰街道
农房试点人居环境
图片来源：笔者自摄

　　农村基础设施普遍提升。全县累计建设"康庄公路"492.7千米，实现了等级公路行政村和农村公交通车全覆盖（图 15-10、图 15-11）。建成垃圾中转站 19 个，农村生活垃圾收集率达 68%。13个乡镇、集镇建设污水处理设施，58 个村推行农户生活污水处理。2005 年基本完成农村改水，解决了 2.4 万人饮用水问题。

图 15-10　灵峰街道
农房试点基础设施
图片来源：笔者自摄

图 15-11 鲁家村交
通规划展示
图片来源：笔者自摄

二、基础设施完善，公共服务提升

安吉县生态立县战略的实施，有效改善了生态环境，农村人居环境得到显著提升。但基础设施仍然存在诸多短板，公共服务相对落后。部分山区等偏远区域的村镇环境整治尚未覆盖；村镇产业发展相对落后，村庄造血功能尚未形成，长效机制尚未形成。自 2008 年开始，安吉县开展美丽乡村建设工作，县域村镇建设工作进入了一个新阶段。

1. 主要做法

1）开展"中国美丽乡村"标准化示范县创建工作

2008 年安吉县在浙江省率先提出"中国美丽乡村"建设，开展"中国美丽乡村"标准化示范县创建工作。通过安吉县人民代表大会决议实现全县建设美丽乡村的合力，形成了"政府推动、百姓参与、上下合力"的良好氛围。如大竹园村农房建设，依托省级农房试点项目，将部分老房子统一拆迁，统一规划设计了"浙北田园式新民居"，新建农房立足原村落自然肌理，与周围的农田、竹林、水系自然融合提升了村庄的整体风貌，村容村貌的改善吸引了生态旅游、民宿体验等优质项目的入驻，逐渐带动了大竹园村民宿产业、旅游经济的发展（图 15-12）。

2）开展小城镇环境综合整治工作

安吉县根据小城镇基础条件和特色精准发力，实行分层次推进，重点完善基础配套，提升服务功能，并充分挖掘人文内涵，实现产业发展（图 15-13、图 15-14）。

图 15-12 大竹园村
新式民居
来源：笔者自摄

图 15-13 鄣吴集镇
沿街商用房
图片来源：笔者自摄

图 15-14 安城集镇
沿街商用房
图片来源：笔者自摄

3）深化农村环境综合整治

加快实施"两双工程"和"五整治一提高"工程，将村庄环境整治覆盖到所有行政村和自然村。环境整治重点治理村庄的"八乱"，即建筑乱搭乱建、杂物乱堆乱放、垃圾乱丢乱倒、污水乱泼乱排，积极开展改路、改水、改厕、改塘，使村庄人居环境达到"八化"标准，即布局优化、道路硬化、村庄绿化、路灯亮化、卫生洁化、河道净化、环境美化和服务强化（图 15-15～图 15-18）。

图 15-15 农村环境整治——改厕

图片来源：笔者自摄

图 15-16 农村环境整治——卫生洁化

图片来源：笔者自摄

4）加强村镇建设制度建设和管理实施

安吉县政府先后出台《安吉县农村建房施工现场管理规范》《安吉县农村私人建房文明施工现场管理规范》等地方规范，进一步完善农房建设的管理规范。一是加强农村污水治理方面的项目建设管理。安吉县通过总结农村生产生活污水治理经验，对生活污水处理工程进行细化，建立健全县、乡镇、村、专业监理四级监管体系，出台工程招投标、管材供货、纳管接户、工程验收等管理办法，加强农村污水治理。二是加强农房质量安全管理。成立县危旧住宅房屋治理改造工作领导小组，层层签订农村危旧房治理改造责任书。

图 15-17　农村环境整治——路灯亮化

图片来源：笔者自摄

图 15-18　农村环境整治——环境美化

图片来源：笔者自摄

2. 主要成绩

美丽乡村建设成效显著。2012 年年底，安吉县完成首轮美丽乡村建设，累计建成"中国美丽乡村"179 个村，包括 164 个精品村、12 个重点村和 3 个特色村。15 个乡镇全部建成全国优美乡镇，建成市级以上小康示范村 33 个，全县美丽乡村创建覆盖率达 95.7%。安吉县基本建成了开发区—皈山—孝丰—报福—章村的美丽乡村示范带，初步打响了"中国美丽乡村"建设品牌（图 15-19）。

图 15-19　安吉县美丽乡村建设

图片来源：笔者自摄

(a)

(b)

农村公共设施建设标准进一步提高。在基础设施方面，安吉县累计开通县城公交线路 19 条，累计开通城乡公交线路 52 条。实施农村安全饮用水改水工程，全县农村饮水安全条件得到改善，2 万余名农村居民喝上"放心水"。所有乡镇全部建成污水处理设施，农村生活污水处理受益率 77.3%。在公共服务设施方面，安吉县每个村都建立集就业职介、社会保险等于一体的劳动保障平台，都拥有农民广场、乡村舞台、篮球场、健身小道等文体设施，实现有线广播、电视、互联网和公共卫生服务站全覆盖；90% 的村配置了标准化幼儿园，80% 的村完成中心村建设，60% 的村建成老年活动中心（图 5-20、图 15-21）。

图 15-20　安吉县村镇基础设施
图片来源：笔者自摄

(a)　　　　　　　　　　　　(b)

(a)　　　　　　　　　　　　(b)

图 15-21　安吉县村镇公共服务设施
图片来源：笔者自摄

全面提升农村人居环境的整体质量。大力推进废弃矿山复垦复绿、小流域生态改造，建成生态公益林 43.73 万亩，每年新增城乡绿化面积万亩以上（图 15-22）。推广农业生产节水节肥节能新技术，引入低碳生活理念。实施农村沼气系统建设、农房节能改造，每年 500 户困难群众告别危旧房。建立"户收、村集、乡运、县处理"的垃圾收集运模式，村庄垃圾收集自然村覆盖率 100%。太阳能特色村覆盖面达到 98.3%。

(a)　　　　　　　　　　　(b)

乡村旅游业发展势头初步显现。安吉县重点推进 22 个乡村经营
项目建设，并建成 5000 亩农产品加工区、30 个特色农业精品园、20
个乡村旅游景区，推进传统农产品转向休闲商品、农业园区转向休
闲景区，并建成农业休闲观光园区 13 个，面积 7 万亩，总投资超 6
亿元。其中，中南百草园被命名为国家农业旅游示范点。2009 年，
共接待游客 544 万人次，旅游收入 22 亿元。2007—2009 年三年间，
安吉农民人均纯收入年均增长 10％以上。

图 15-22　安城村镇
人居环境图

图片来源：笔者自摄

三、乡村品牌创建，乡村产业培育

通过"中国美丽乡村"的创建，安吉县大力改善农村人居环
境，村容村貌得到进一步提升，基础设施和公共服务设施建设基
本实现全覆盖，农村居民的生活观念和精神状态有了明显的改善。
天荒坪镇、鄣吴镇、山川乡等乡镇大力发展生态旅游、打造村级工
业平台、发展家庭工业，促进农村人口逐渐回流。广大农民依托丰
富的自然资源，积极发展休闲农业，农村经济和农民收入持续增长
（图 15-23）。

图 15-23　鲁家村家
庭农场

图片来源：笔者自摄

(a)　　　　　　　　　　　(b)

安吉县村镇建设和发展仍存在长效机制方面的问题。一方面，农村产业发展有待壮大，产业特色化有待进一步加强。另一方面，农村基础设施维护、人居环境长效管护机制有待进一步建立。同时，在农房建设、村庄规划等方面的专业技能人才缺失，村镇领域的队伍建设仍有待加强。

1. 主要做法

1）开展精品示范村创建工作

提高美丽乡村建设标准，创建美丽乡村精品示范村。完成美丽乡村创建之后，安吉县提出更高标准的"中国美丽乡村精品示范村"创建工作。一是高起点设定准入条件。安吉县申报创建美丽乡村示范村必须满足首轮"中国美丽乡村"创建以后有成效、村班子战斗力强有业绩、集体经济收入稳定有增长、完成农村生活污水治理、垃圾分类等工作任务，以及完成各项相关规划编制等五项准入条件。二是高标准设定建设目标。坚持高门槛准入，高水平规划，高标准设计，高质量、全覆盖、分步实施的建设原则，确保示范村建设水平成为标杆。三是大力度提高补助标准。对通过考核的村实行以奖代补，根据创建村考核得分不同档次实行不同标准的以奖代补。四是全方位布局连片提升。在开展精品示范村创建的基础上，自2015年起，安吉县在开展精品村创建的基础上，每年投入财政资金近亿元，整体布局、梯度推进、连片提升精品观光线和观光区域。截至2017年年底，仅29个安吉县级美丽乡村精品示范村，就吸引工商资本达115亿元。

2）引导乡村产业发展

第一，引导村庄设计向精品化、高端化、市场化发展。转变村庄作为村民单一居住功能的观念，将村庄作为重要的资源开发利用，通过规划设计、景观设计打造精品村庄，塑造旅游景观，在原来标准化基础设施和公共服务设施基础上，增加个性化、高端化的旅游设施、元素等，为市场化运作打下基础。第二，积极引入产业项目，引导社会资本和专业运营团队与村集体合作，对乡村旅游资源进行开发。在不违背有关政策的前提下，解放思想，引入资本和专业团队，为乡村旅游发展提供有效动力，并通过合理的利益分成，壮大集体经济，增加农民收入（图15-24）。

3）加强村镇建设人才培育

一是深入实施"5211"中国美丽乡村人才合作开发计划，加大科技兴工和科技人才培育力度。加强与浙大环资学院、浙江林学院和省林科院、亚林所等高校、科研院所的联系，选定 11 个合作项目、12 项攻关技术和筹建 9 个示范基地，柔性引进 82 名专家，分别与 65 名技术人员建立结对培养关系，开展技术指导 450 余次，组织授课讲座、示范基地现场推广、攻关技术展示讲解等活动 35 场次。二是加大对实用人才的投入扶持力度，每年列支 200 余万元专项资金，用于农村实用人才队伍建设，并逐年递增。三是开展"两山"工匠培育提升工程。2017 年县政府出台《加强技能人才队伍建设，加快引育"两山"工匠队伍的实施办法》，实施校企合作培养计划，支持职业院校建立现代学徒制，加大校区合作政策支持，对通过校企合作委托培养的技能工人，分别给予企业 2000～6000 元/人的补助。

图 15-24　鲁家村休闲农业专业合作社

图片来源：笔者自摄

4）建设农村基础设施的长效管护机制

一是在探索农村物业管理标准化方面，试行物业管理社会化、公司化、标准化经营模式，在全县范围内建立"中国美丽乡村长效物业管理基金"，按照县财政拨一点、乡镇财政拿一点、村民自筹一点的渠道筹措，重点用于村容卫生日常保洁和公共基础设施日常维护。二是在道路维护方面，建立维护农村公路的长效机制，2015 年安吉在全省率先探索出"五级路长制"，由县级路长统筹引领、乡镇路长落实推进、公路警长执法查处、巡查路长常态监督、村级路长应急联动，对全域公路实行全范围监管（图 15-25）。三是在农村污水处理方面，健全长效管理机制，安吉县制定《安吉县农村生活污水处理实施操作指南》《安吉县农村生活污水处理工程长效管理实施办法》等政策，明确长效维护实施主体及责任（图 15-26）。

图 15-25　农村道路长效机制图

图片来源：笔者自摄

图 15-26　大竹园村村民公约

图片来源：笔者自摄

5）形成"安吉模式"，输出安吉美丽乡村品牌

在开展美丽乡村建设过程中，不断总结经验，形成"安吉模式"，并将美丽乡村经验对外宣传、推广，形成品牌输出。通过干部培训班、与高校合作等方式，将安吉的经验推广出去，村镇建设管理人员、村干部成为讲师。一方面，推广经验、宣传培训提高了安吉的知名度，推动了安吉美丽乡村旅游经济发展；另一方面，培训本身也成为了创收的渠道。

2. 主要成绩

1）美丽乡村精品示范村创建成效显著，形成美丽乡村安吉品牌

安吉县呈现出"一村一品""一村一景""一村一韵"的大格局，为各地美丽乡村建设提供了鲜活的案例。2018 年累计建成"中国美丽乡村"187 个村，其中 44 个精品示范村、133 个精品村、8 个重点

村和 2 个特色村。15 个乡镇美丽乡村全覆盖，全县美丽乡村创建覆盖率达 100％。美丽乡村建设标准成果显著。2014 年 2 月，由安吉美丽乡村系列标准提炼转化而成的《美丽乡村建设规范》，成为国内首个省级美丽乡村建设标准。2015 年 6 月，安吉县作为第一起草单位、参与制定的《美丽乡村建设指南》国家标准正式发布。

2）乡村产业发展质量逐步提升

2018 年年末拥有山水灵峰休闲农业园、鲁家家庭农场集聚区、溪龙安吉白茶产业园 3 个农业园区；建成休闲农业园区 25 个，其中安吉乡土农业发展有限公司、安吉中南百草原、安吉山水灵峰休闲农业有限公司被评为全国休闲农业与乡村旅游五星级示范企业（园区）。拥有省级无公害农产品基地 28.08 万亩、无公害产品 187 个、绿色食品 52 个、有机食品 11 个。

3）长效管护机制基本形成

安吉县推行城市物业管理进农村行动，目前共有 20 家城市物业公司进驻农村，开展环境保洁、垃圾清运、绿化养护等方面的专业维护，全县 97％的行政村采取物业管理，90％的污水处理设施采取公司化运行。2017 年安吉县成立了全省首家农村物业管理协会，在人力、信息、硬件设施等方面实现资源共享，服务水平得到显著提升。

4）专业人才队伍不断壮大

"5211"中国美丽乡村人才合作开发计划共培训农民 6.2 万人次，发放农函大证书 3100 人次，绿色证书 7500 人次。"美丽工匠"共举办培训班 25 期，培训人员 3000 余人次，1028 名培训人员取得建筑工匠资质。

第三节 主要经验与建议

一、主要经验

1. 产业发展是乡村建设的根本动力

首先，良好的区域经济发展基础是乡村建设发展的区域基础，安吉地处长三角经济圈腹地，区域经济发展水平高，为安吉美丽乡村产业发展提供了广阔的市场空间。其次，县域经济是统筹村镇建设的根本动力，县域村镇生态环境改善、公共设施投入，主要靠县级财政支持。安吉县整体经济发展，是安吉县能够开展美丽乡村的重要保障。最后，壮大村集体经济对于开展村镇建设具有重要意义。

2. 生态环境和基础设施建设是基础

安吉县及各村、镇经验表明，生态环境建设和基础设施建设既是美丽乡村建设的重要内容，也是进一步做好村镇建设的重要基础。县域统筹村镇建设必须将生态环境建设和基础设施建设作为最基础的工作开展。

3. 以创建各项试点示范工作为抓手

通过创建国家级、省级各项试点示范，一方面可以明确发展方向，统一思想，统一行动，阶段性提高村镇建设水平；另一方面可以争取上级资金和政策支持，助力村镇建设发展。安吉县经验表明，各阶段都将创建国家级、省级各项试点示范作为主要抓手，甚至自己设立创建工作目标，开展创建工作。

4. 村镇建设工作长期性和阶段性结合

做好县域村镇建设工作，必须要有稳定的政策和制度环境。安吉县将开展美丽乡村工作通过县人民代表大会立法的形式，增强其政策稳定性，通过制定相关规划，增强其实施性，确保美丽乡村工作能够长期坚持。同时，又分阶段确定具体任务，分阶段开展创建工作、试点示范。通过长期政策与短期项目实施结合，达到良好实施效果。

5. 高度重视观念转念和人才培养

一是彻底转变广大干部、群众传统观念，激发干事创业热情。二是加强人才培养，包括干部队伍、管理人才，技术人才。三是广泛吸引人才，尤其是能与当地村镇管理人员互补的市场运营人才。

二、有关建议

一是开展县域村镇建设试点示范工作。针对不同区域、不同区位的区县开展县域村镇建设试点示范工作，总结适合不同区域、不同区位的县域村镇建设的模式经验，进行推广。二是开展县域村镇建设政策和技术引导。制定"县域村镇建设技术指南"等有关技术文件，引导县域村镇建设工作。加强农村管理人员、农村建筑工匠培训，提高村镇建设管理和技术水平。三是统筹协调部门，加强村镇建设工作。推动建立设计村镇建设部门的协调机制，统筹协调资源，共同推进县域村镇建设。

第十六章 安徽省全椒县县域村镇规划建设调查

受住房城乡建设部村镇建设司委托，中国建筑设计研究院组织调查组赴全椒县开展县域村镇规划建设调查，重点调查我国中部地区县域村镇建设开展情况和经验做法，包括三产融合、公共设施共建共享、村镇建设体制机制等方面。从 2019 年 8 月 13 日到 8 月 15 日调查组先后走访大墅镇、二郎口镇 2 个乡镇，黄栗树村、周家岗村、周洼新村、赤镇村 4 个村庄，并调研了石沛荣鸿农业示范园、荒草圩农耕文化园 2 个农业园区，与县、镇、村各级座谈 3 次。

第一节　全椒县基本情况

全椒县位于安徽省东部区域，隶属于滁州市。全椒县东临南京、西接合肥，南倚马鞍山、北靠滁州。境内有两条高速公路（合宁、马滁扬）、三条高速铁路（京沪、宁西、沪汉蓉）经过，交通条件便利（图 16-1）。全县面积 1568 平方千米，2018 年年末全县户籍人口 45.3 万人，常住人口 40.33 万人，乡村人口为 17.85 万人，城镇化

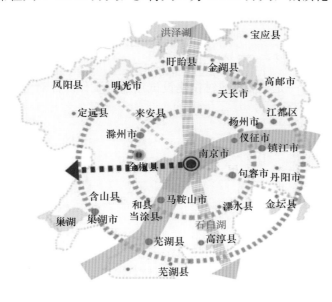

图 16-1　全椒县区位图

资料来源：调研小组整理

率 55.73%。2018 年实现地区生产总值 161.9 亿元，人均 GDP 为
40322 元，三次产业占比为 13.3∶43.8∶42.9。城镇、农村居民人
均可支配收入分别达 28750 元、13395 元。

全椒县下辖 1 个省级经济开发区、10 个镇，共计 95 个行政村，
2315 个自然村，24 个居委会，县城驻地为襄河镇。全椒县属典型的江
淮丘陵，境内拥有"三山、两河、三湖"（神山、龙山、牧龙山、滁
河、襄河、碧云湖、岱山湖、卧龙湖）等原生态旅游资源，森林覆盖
率达 32.5%，空气质量达到国家二级标准。近年来全椒县通过实施
"百镇治理"和美丽乡村建设项目，整治农村人居环境，促进产业发
展、社会管理和精神文明建设，有效推进村镇建设进程（表 16-1）。

表 16-1 全椒县所获荣誉情况

序号	称号	授予时间	授予部门
1	全国绿化模范县	2007 年 11 月	全国绿化委员会
2	全国水生态文明建设县	2014 年 8 月	国家水利部
3	最美中国旅游目的地城市	2014 年 9 月	新华网
4	中国最佳绿色发展县	2015 年 11 月	环境保护部
5	中国最美宜居宜业旅游城市	2015 年 12 月	中国营销学会、中国旅游热线联盟和中国县域经济协会
6	千年古县	2018 年 12 月	中国地名文化遗产保护促进会
7	中国民间文化艺术之乡	2019 年 1 月	国家文化和旅游部

资料来源：笔者整理

第二节 县域村镇建设主要做法

一、高度重视规划引领作用，开展县域乡镇建设规划

2013 年全椒县编制了《全椒县村庄布点规划（2013—2020）》，
通过划定空间发展分区、确定村镇体系、规划农村配套设施等方式，
推进县域村庄优化发展。该规划提出了"一轴、一环"的村庄布局
空间结构，将村庄划分为改造提升型、旧村整治型、特色保护型、

拆迁新建型四类村庄，对不同类型村庄提出相应的发展引导。2017年全椒县编制了《全椒县县域乡村建设规划（2017—2020）》，进一步明确乡村供水、污水、道路、电力、通信、防灾等基础设施的布局，规划配置教育、医疗、商业等公共服务设施，进一步指导乡镇和村庄的规划编制工作。依据《全椒县县域乡村建设规划（2017—2020）》，全椒县制定了乡村建设的五年行动计划和发展目标，确定村庄发展体系及其规模功能，成为指导城乡统筹、村镇建设的重要依据（图16-2）。

图 16-2 全椒县居民点用地图

资料来源：《全椒县县域乡村建设规划》。

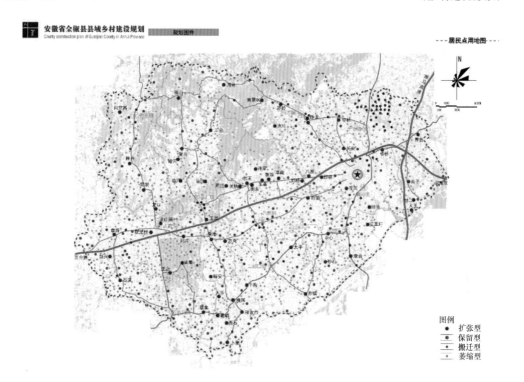

二、加强县域生态环境保护，乡村生态环境建设

1. 坚持"生态全椒"发展战略，高度重视生态建设

实施"绿色全椒行动"，高标准编制生态县建设规划，高起点发展生态绿色产业，高投入改善农村人居环境，生态文明建设取得了明显的成效（图16-3、图16-4）。2014年，全椒县共督促12家企业限期整改，否决15个总投资达20多亿元的高污染高能耗项目，有效地保护了生态环境。2015年2月，全椒县被命名为安徽省生态县，2019年全椒县环保局制定了《全椒县2019年创建国家级生态县工作实施方案》，全面部署国家级生态县创建工作。

图 16-3 二郎口镇
赤镇人居环境
图片来源：笔者自摄

图 16-4 大墅镇大
龙山旅游区
图片来源：笔者自摄

2. 积极创建省级生态村镇

全椒县围绕"生态宜居村庄美、兴业富民生活美、文明和谐乡风美"的建设目标，以美丽乡村民生工程为支点，全面推进美丽乡镇、中心村建设。全椒县石沛镇、十字镇等乡镇被评为省级生态镇，黄栗树村、复兴村等村庄被评为省级生态村（图 16-5）。省级以上生态乡镇的数量达到 80% 以上。

<table>
<tr><td>(a)</td><td>(b)</td></tr>
</table>

3. 加强宣传教育，弘扬生态理念

全椒县广泛开展宣传活动，普及生态知识，培育生态文化。大力开展绿色学校和绿色社区等系列创建工作，提高社会公众的环境意识和生态文明意识，形成了保护生态的良好氛围。

图 16-5　全椒县石沛镇黄栗树村

图片来源：笔者自摄

三、县域统筹布局公共服务设施

1. 全面推进村镇公共服务设施优化布局

结合安徽省美丽乡村对中心村"11＋4"的要求，全椒县对村级设施功能进行综合完善，推动美丽乡村民生工程建设由"以点为主"向"由点到面"战略转换。

2. 根据村镇发展条件和发展潜力，有重点地开展公共服务设施配套工作

全椒县优先开展以乡镇政府驻地建成区和乡镇驻地中心村为主的公共服务设施配套工作，实现村镇人口集聚区的公共服务设施完善。推进全椒县大墅镇的公共服务设施和基础设施专项规划的编制工作，优先配置综合发展型城镇的公共服务设施和基础设施建设（图 16-6、图 16-7）。

四、县域统筹布局产业园区，积极培育农文旅产业

确定大墅镇为县域副中心城镇，集中力量打造大墅镇产业新城，重点布局生态种养、文化康养、乡村旅游等产业项目。全椒县将大墅项目区作为国家农村产业融合示范园的创建基地，引进安徽禾富集团全椒旷远投资公司、安徽禾富投资集团有限公司等农文旅企业，流转近万亩土地，发展规模化生态种养业、乡村旅游服务业等项目，逐步实现农业、林业、旅游、康养等多产业齐头并进，打造乡村产业发展新业态，有效推进大墅镇产业发展（图 16-8～图 16-11）。

**图 16-6　二郎口镇
公共服务设施**
图片来源：笔者自摄

**图 16-7　石沛镇基
础设施建设**
图片来源：笔者自摄

**图 16-8　大墅镇龙
山无聊栖地（一）**
图片来源：笔者自摄

图 16-9 大墅镇龙山无聊栖地（二）

图片来源：笔者自摄

图 16-10 大墅镇龙山无聊栖地民宿

图片来源：笔者自摄

图 16-11 全椒县大墅龙山农村产业融合发展示范园项目介绍

图片来源：笔者自摄

多举措推进支农惠农产业发展。全椒县把碧根果产业发展资金支持纳入县级财政预算，对同一区域内造林面积 100 亩以上的企业给予资金补助等扶持政策。2019 年全椒县出台《全椒县小龙虾产业发展实施意见》，依托全椒龙虾品牌优势和沿河沿库水资源优势，大力推广"稻虾共作"模式，积极打造全椒稻虾品牌。推进文旅产业融合发展，引进石沛荣鸿现代农业产业园、禾墅恋民宿旅游开发公司等，积极创建国家全域旅游示范区（图 16-12、图 16-13）。

图 16-12 全椒县赤镇村稻虾田

图片来源：笔者自摄

(a)　　　　　　　　　　　　　　(b)

图 16-13 全椒县赤镇村龙虾产业荣誉墙

图片来源：笔者自摄

五、开展土地整治，改善农村人居环境

积极开展土地整治，巩固完善农村集体土地所有权和农村承包经营权确权登记成果。把农村土地整治项目作为新农村建设的重要抓手，有序开展村庄拆并和新农村建设。根据全椒县《县域镇村体系规划》，重点将整治潜力、整治规模、整治效益较大的地块，以及被镇村体系规划列入废弃点的地块作为项目区，将项目区的搬迁点全部安排在永久性居民点上。全椒县设立整村推进农村土地整治专项资金，2009—2010 年投入土地整治项目资金 5.19 亿元，有力保障了项目建设投入。全椒县 2008—2010 年连续三年被评为全省国土资源管理执法先进县。如大墅镇对景区内原有 15 个自然村进行整体搬迁、统一安排，通过环境整治、污水治理、立面改造和道路拓宽等方式，改造完成"禾墅恋家园"和"无聊栖地"两个原汁原味的乡村民宿村，吸引了大批上海、南京和合肥等地的游客前来观光旅游，有效促进了村庄集体经济的发展（图 16-14、图 16-15）。

图 16-14 大墅镇龙山禾墅恋家园

图片来源：笔者自摄

(a)

(b)

图 16-15 大墅镇龙山无聊栖地民宿村

图片来源：笔者自摄

加强农村人居环境整治。全椒县全面启动三年行动计划，大力实施"百镇治理"项目，推进美丽乡村建设工程（图 16-16、图 16-17）。累计投入 3 亿元，高标准编制完成 9 个镇政府驻地建成区整治规划和县域乡村建设规划，深入推进农村人居环境治理"三大革命"，清理陈年垃圾 5 万吨，新增生活垃圾分类资源利用站 5 座、废品兑换超市 28 个、污水处理站 9 处、污水管网 93 千米，实施改厕 3000 户，完成农村道路畅通工程和"四好农村路"170 千米，村庄发展环境不断改善。

图 16-16 全椒县六镇镇周洼新村

图片来源：笔者自摄

(a)   (b)

图 16-17 全椒县六镇镇周洼新村

图片来源：笔者自摄

第三节 主要经验与问题

一、统筹布局基础设施和公共服务设施

全椒县加强村镇市政基础设施和公共服务设施建设，统筹配置教育、文体设施等公共资源。一是充分发挥县域融合城乡的凝聚功能，根据当地现实情况合理布局教育资源，实现中高等教育资源集聚发展，并以教学点的形式补充村镇地区教育资源的不足。二是全

面统筹村镇发展对道路、给排水、垃圾处理、电力、通信等基础设施建设需求，大力提升乡村基础设施建设标准和水平。三是有重点、有侧重地布局基础设施和公共资源，实现分批次、分阶段地推进村镇建设。着力开展乡镇政府驻地建成区整治建设，同步推进乡镇政府驻地所在行政村中心村建设，有效保障了村镇人口聚集区的发展需求。

二、通过政府购买服务，推进村镇市场化运作

以市政服务市场化运作为突破口，积极探索政府购买社会服务的新模式。一是强化公共服务理念，建立和完善政府购买服务的机制。通过制定相关制度，推动政府购买服务向村镇地区延伸。二是扩大政府购买服务范围，构建普惠村镇的公共服务体系。全椒县实现农村生活垃圾治理 PPP 模式县域全覆盖，逐步建立普惠城乡居民的公共服务体系。三是建立公开透明择优的服务机构选择机制。建立健全项目申报、预算编报、组织采购、项目监管、绩效评价的规范化程序。全椒县通过公开招标的形式，由安徽劲旅环境科技有限公司承担全椒县农村生活垃圾治理 PPP 项目。

三、通过支农惠农政策培育产业，带动村庄建设发展

全椒县大力提升农业发展新动能，发展壮大农村特色产业发展，有力推动村镇建设进程。一是培育一批新型农业经营主体，加快推进辉隆、荣鸿、龙山等现代农业示范园建设，新增两个千亩以上的现代农业示范园（图 16-18）。二是推进特色种养业到村项目。充分发挥特色种养业"造血"功能，采取"合作社＋农户"的模式，整合各类财政专项扶贫资金和惠民政策，大力发展稻虾连作、碧根果种植等生态种养业，培育村镇特色经济的发展（图 16-19）。三是积极推进一、三产业融合发展，大力推动农业与旅游、休闲、健康、文化等产业相结合，实现农业产业发展从单纯种养向复合型发展方向转变（图 16-20）。四是推进营销电商化，采用"互联网＋农业"发展模式，扩大农产品销售市场，促进农民增收致富。

图 16-18　石沛镇荣鸿现代农业产业园
图片来源：笔者自摄

(a)

(b)

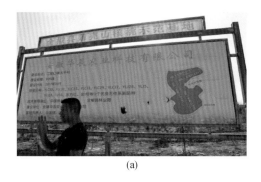

(a)   (b)

图 16-19 全椒华县薄壳山核桃种植基地

图片来源：笔者自摄

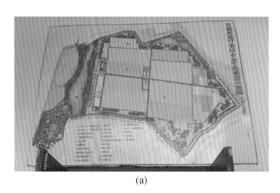

(a)

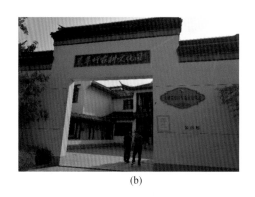

(b)

图 16-20 荒草圩农
耕文化体验园

图片来源：笔者自摄

四、存在问题

一是《县域乡村建设规划》实施性不强。《县域乡村建设规划》由全椒县住房和城乡建设局牵头编制，在规划实施过程中涉及教育、卫健、水文等多个部门。由于缺乏规划衔接联动机制，《县域乡村建设规划》在涉及其他部门的时候项目落地性不强。

二是县域统筹工作与部门要求存在矛盾。各部门执行自身标准，一方面设施利用率的低下造成公共资源浪费，另一方面增加县级财政负担。例如在乡镇文体设施建设方面，文化、体育等部门各有自己的标准和要求，在建设综合文化室、健身休息室等设施场地时，需按照各部门标准进行设置，难以进行结合建设。

三是开展土地整治、改善农村人居环境工作方式相对粗放，相关成果不显著。全椒县通过连片拆旧建新，推动村民集中居住的方式，快速推动了土地整治进程。这种做法一方面忽视了传统村落文化的保留，另一方面面临着村民不配合、镇村干部积极性不高等难题，土地整治全面推广实施难度大。同时，美丽新农村建设品质不高，"清垃圾、清杂物、清违建"等"三清"工作不彻底，农村人居环境和生态景观环境还有较大提升空间，没有达到预期整治效果。

四是人口流失现象明显，村庄和集镇衰落严重。现有乡村旅游业接待功能不全、景观效果不佳，种植业和养殖业特色化、差异化不明显。村镇产业发展较为滞后，农村人口主要流失到江浙和广东一带，村庄"空心化"现象较为普遍。

第四节　有关建议

一、推动县级政府加大村镇公共产品建设投入

加强村镇基础设施和公共产品建设，推动生态环境治理，是撬动村镇发展的有力"杠杆"。加强村镇公共产品建设，一是重点投入村镇基础设施和公共服务设施建设，改善村镇投资环境，提高村民整体素质，为村镇的长远发展构建良好环境。二是加强村镇整治管理，提升村镇整体形象。重点加强乡镇环境整治、维护乡镇商业运营秩序，建立健全违法建设管理机制，建立集综合治理、市场监管、综合执法、公共服务等功能于一体的统一平台，完善乡镇职能设施。三是建立村镇人居环境长效管护机制，积极推动县级政府出台农村人居环境整治长效管护机制方案，确保农村人居环境治理科学、规范、长效推进。

二、加强村镇管理的制度建设

加强村镇管理的制度建设，有助于促进农村经济和各项建设事业协调发展，改善村镇生产、生活环境。一是推动县级政府构建统筹安排、上下联动的村镇建设协调机制，全面负责村镇建设的工作进度安排、年度考核、奖惩评估等内容，积极与各相关部门对接村镇建设领域涉及的项目资金等，实现村镇管理的统筹协调。二是出台技术规范、建设指南等引导性文件，完善村镇建设管理机制。通过引导县级政府出台本地适合的农房建设管理条例、美丽村镇建设指南、农村风貌设计导则等文件，有效规范县域村镇建设。

第十七章　陕西省西安市长安区村庄规划建设调查

改革开放以来，我国村镇建设工作取得巨大进展，从农房建设管理、小城镇建设试点，到新农村建设、全国重点镇试点、传统村落试点、农村危房改造、农村人居环境建设管理等，管理制度不断健全、各地村镇建设水平不断提高，农村居民的居住条件不断改善，生活水平不断提高。其主要特点有，一是从中央到地方，在开展村镇建设工作时，多以试点示范为主，"点"上发力，在"点"上取得明显效果，但带动作用有限；二是就村镇建设领域某一问题，通过行政手段，从中央到地方直接深入解决，但对于地方村镇建设而言并不系统；三是与城市建设相比，缺乏长效管理和投入机制，难以推进村镇建设工作常态化。顺应新时期乡村发展需要，习近平提出乡村振兴战略是乡村全面振兴，仅仅在"点"上，或者某一方面做得好，不足以实现乡村振兴。因此，深入研究系统解决"三农"问题，探索实现乡村振兴战略的好路子、好办法具有重要意义。因此，研究在现行体制下，如何从全局出发推动村镇建设发展，解决"三农"问题，建立村镇建设稳定的投入机制，实现城乡基本公共服务均等化，长效的管控机制，实现乡村振兴战略，具有重要意义。

第一节　西安市长安区基本情况

长安区隶属于陕西省西安市，西汉高祖五年（公元前 202 年）始置长安县，取"长治久安"之意。长安区总面积 1583 平方千米，下辖 16 个街道 232 个行政村 84 个社区（城镇社区 48 个，村改社区 36 个）。常住人口 164.62 万人，其中城镇人口 34.36 万人，乡村人口 36.12 万人，流动人口 13.74 万人，高校学生 28.8 万人，高新区、西咸新区托管人口 51.6 万人。2018 年长安区生产总值 909.11 亿元，城镇常住居民人均可支配收入 38900 元，农村常住居民人均可支配收入 14520 元。长安区内生态环境良好，森林覆盖率 36%，秦岭长安境内面积 876 平方千米，占全区总面积 55%，是打造秦岭北麓国家中央公园的中心区域。

长安区南依秦岭，四水环绕，山、川、田、塬错落有致。近年来长安区稳步推进五化道路、花园乡村建设（图 17-1）。2018 年长安区已创建 70 个美丽乡村建设示范点，构成了长安一道道亮丽的风景。全区共建成美丽宜居村庄 50 个，清洁乡村实现全覆盖，创建花园乡村 44 个，美丽庭院 5055 户。太乙村等 5 个村被评为陕西省美丽宜居示范村，王庄村等 4 个村获得西安市"十佳美丽乡村"。截至 2019 年 9 月，累计建成美丽宜居村庄 50 个、省市美丽宜居示范村和十佳美丽乡村 9 个、美丽庭院 6892 户，受中央、省级媒体报道 60 多次（表 17-1）。

图 17-1　长安区花园乡村建设

图片来源：新华社

(a)　　　　　　　　　　　(b)

表 17-1　长安区所获荣誉列表

序号	称号	授予时间	授予部门
1	全国休闲农业与乡村旅游示范区	2011 年	农业部
2	全国科技进步先进区	2013 年	科技部
3	全国民生改善优秀示范城市	2014 年	新华网
4	全国首批创建生态文明典范城市	2014 年	中国互联网新闻中心
5	全国 2015 创建生态文明标杆城市	2015 年	中国互联网新闻中心
6	2017 年最美中国榜	2017 年	新华网
7	感动"陕西·2017 年旅游影响力"之十佳旅游区	2018 年	陕西省旅游发展委员会

资料来源：笔者整理

第二节 长安区县域乡村规划建设实践探索

一、建立"三园"建设战略统筹机制

县域统筹村镇建设是从县域层面统筹推进村镇建设的前提和根本。为了有序推进全面开展村镇建设，长安区准确把握了这一工作要领。

一是长安区明确了县域统筹村镇建设目标，制定了"三园"建设战略，将创建"花园乡村""花园街道""花园城镇"作为统筹机制的目标任务，以目标统领全区村镇建设工作，做到特色鲜明、任务明确，通俗易懂，为本项工作开展树立了鲜明的旗帜。

二是建立主要领导负责制定统筹推进领导机制。由区委书记任组长，建立长安区美丽乡村建设领导小组，各有关部门、乡镇、街道、行政村分别建立相应领导小组，统筹推进村镇建设工作。并创新组织机制，发挥四大班子及各部门优势，区人大、政协负责监督、考核、评比，部门包联街道、街道干部联村的方式，包抓落实乡村建设任务（图 17-2）。灵活的组织机构和推进机制，有效地推动美丽乡村建设进程。

图 17-2　县域村镇建设推进机制
资料来源：笔者自绘

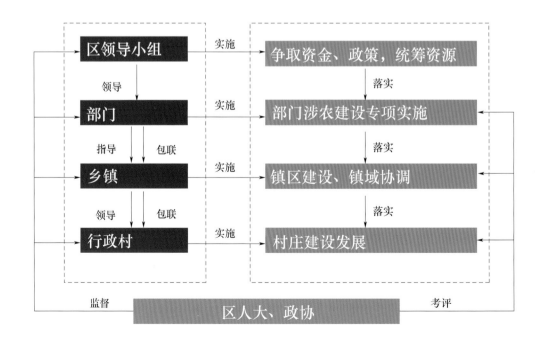

三是明确乡村建设任务，以创建美丽村庄、示范村、美丽庭院等为目标，以工程项目为抓手推动美丽乡村建设。长安区细化了美丽乡村建设具体任务，并通过村容村貌整治、基础设施建设、绿化美化、生活垃圾治理、五化道路等工程带动，综合治理乡村乱象，推进全域美丽乡村建设。截至 2019 年，长安区已累计建成美丽宜居村庄 50 个，省市美丽宜居示范村和十佳美丽乡村 9 个，美丽庭院6892 户，实现了长安区内村庄品质的整体提升（图 17-3、图 17-4）。

图 17-3 长安区花园乡村建设

图片来源：笔者自摄

(a)　　　　(b)

(a)　　　　(b)

二、统筹推进农村人居环境整治建设

图 17-4 长安区太乙宫街道四皓村美丽庭院

图片来源：笔者自摄

农村人居环境整治是村镇建设的重点和难点，也是实施乡村振兴战略的重要任务。长安区农村人居环境整体欠账严重，以个别"点"的示范方式难以全面解决长安区农村人居环境问题。在开展"三园"建设的过程中，将农村人居环境整治作为重要内容，统筹推进村镇和城镇人居环境改善。一是明确农村人居环境整治任务，分类推进农村人居环境整治。长安区政府因地制宜，根据各街道、乡镇及所属村庄的现状基础条件，按照提升农村垃圾、污水的治理能力，改善农村厕所卫生问题，增加农村绿化，美化街巷环境的要求，明确农村人居环境整治任务，明确不同乡镇、街道及村庄的农村人居环境整治任务重点及进度。二是长安区统一制定农村人居环境整治建设标准。长安区聘请有关专家开展经济适用的农村人居环境整治建设技术研究，制定了农村污水处理、垃圾治理、厕所改造、村庄绿化美化等经济适用、通俗易懂的建设标准和导则，并对建设工程进行现场指导，有效地保障了长安区农村人居环境建设工程的技术质量和工程进度。三是制定完善的检查监督制度。区级层面组织工程建设监督小组对乡村建设进行实施评估、监督检查。截至 2019 年，长安区共清理乡村乱堆乱放 6.6 万处、拆除户外厕所 2.6 万座、改造户厕 3 万余座、改造污水处理设施 76 个，村庄环境卫生得到有效改善（图 17-5、图 17-6）。

图 17-5 长安区太乙宫街道太乙村人居环境整治建设

图片来源：笔者自摄

(a)

(b)

(a)

(b)

图 17-6 长安区滦镇乔村人居环境整治建设

图片来源：笔者自摄

三、城乡公共设施布局

长期以来，长安区农村公共设施水平落后，教育、医疗等基本公共服务存在短板、不成体系。长安区"三园"建设过程中，着力打造城乡统筹的公共设施布局，提升全区农村地区公共服务水平。

一是统筹推进长安区城乡公共服务设施建设，构建城乡一体的"城区—乡镇—中心村"公共服务体系。着力补齐农村地区教育、医疗、康体等领域的短板，并将资金投入适度向农村倾斜，村庄建设基层公共服务点，推动城乡基本公共服务体系均衡发展。

二是充分利用土地增减挂钩政策，实现"旧村改造"，统筹推进农村基础设施和公共服务设施建设（图 17-7）。如太乙村即采取了旧村改造，统筹改善公共服务设施，在建成新村建设卫生室、小学、幼儿园等设施，高标准建设基础设施，有效地改善了农村公共设施水平和公共服务能力。

图 17-7 长安区太乙宫街道太乙村基础设施

图片来源：笔者自摄

(a)　　　　　　　　　　(b)

三是通过实施生态移民搬迁，改善农村公共服务设施。长安区地处秦岭北麓，有大量村庄在秦岭深山地区，交通不便，基础设施落后，经济条件差，人口呈净流出状态，长安区利用生态移民搬迁政策，逐步将深山生态敏感区的村庄搬迁，并在浅山地区或平原地区安置建设新村，同时改善公共设施和基础设施，提高公共服务水平。如 2018 年关庙村等 7 个居住在秦岭保护区和石砭峪水库周边的村庄逐步搬迁至山下集并成石砭峪新村，并完善新村内市政基础设施和公共服务设施，实现村庄人居环境改善及公共服务全覆盖，改善了农民的生活水平（图 17-8、图 17-9）。

图 17-8 五台街道
石砭峪村公共设施
建设

图片来源：笔者自摄

图 17-9 五台街道
石砭峪村基础设施
建设

图片来源：笔者自摄

四、建立城乡资金投入机制

长安区采取了多种方式保证乡村建设资金。一是加大区级政府对乡村建设的资金投入。调整区级城乡财政支出结构，增加涉农资金投入和政策支持。2019年长安区设立1.12亿元专项奖补资金用于全区112个花园乡村建设。二是争取上级部门政策资金。长安区在依靠区级财政投入的同时积极争取中央、省市各部门项目和资金支持，申请专项资金用于乡村建设。三是整合涉农资金。长安区整合住建、农业、交通等多部门的专项涉农资金，并多方筹措上级部门支持乡村建设资金约 10 余亿元，有力地支持了乡村建设。四是推动或鼓励社会资本参与村镇建设。区级政府采取政企协同开发、PPP 等模式支持企业入村参与开发建设，此举吸引了天朗集团、陕西大秦岭兰花生态种植有限公司等企业入村进行农业、旅游业、农产品加工业等多种业态的投资开发。长安区多措并举将区级财政、上级政府专项资金、社会资本融合共同投入到乡村建设中，有效地解决了村庄建设资金难的问题，推动了美丽乡村建设进程。

五、构建村镇建设考核奖惩机制

长安区逐步建立了系统的村镇建设考核奖惩机制。一是建立系统的村镇建设考核机制。长安区政府出台村镇建设标准，建立考评机制，对各乡镇、街道村镇建设的建设工程、示范村建设等定期考核验收，将清洁乡村、花园乡村、五化道路建设等内容纳入目标考核，建立村镇建设"红黑榜"，推动工程项目建设。同时，动员区人大、政协积极参与监督检查，也有效促进了村镇建设工作。二是建立奖惩机制。将村镇建设工作纳入长安区重大项目推进中心，专项督查美丽乡村建设、村庄环境整治等建设内容，根据村镇建设考核结果对建设进展快、成效好的乡村进行奖补，有效激励了各乡镇、街道的村镇建设工作。三是建立交流学习机制。长安区定期组织现场观摩会，组织全区村镇建设管理人员参观建设特色突出、村民评价较高、建设效果较好的村庄、街道和社区，组织建设管理人员代表交流建设经验，并对优秀村庄、乡镇、街道给予相应资金支持进行表彰，形成村镇建设互相学习、互相促进的带动效应。系统完善的考核和奖惩机制，动员了基层村镇建设管理人员的积极性，有效推动了长安区的村镇建设。

六、调动各方力量，统筹共建机制

社会公众参与，对于开展村镇建设，建立共建共享机制具有重要意义。长安区积极调动村民、社会各方力量积极投入到村镇建设中，统筹建立共建共享机制，起到了良好效果。一是充分利用长安区内众多高校，丰富的人才和技术资源优势，动员高校老师、团队下乡开展村庄规划设计，如西安建筑科技大学的老师带领学生团队，在王曲街道建立实习基地，既实现了师生规划建筑设计实习的任务，又为王曲街道建设提供了优质的规划设计方案。二是充分调动村干部、村民开展村庄设计建设的积极性，如王莽、王曲、太乙宫等街道村民积极参与村庄谋划和村庄建设过程，投工投劳、捐款捐物支持本村建设，村民利用废弃、闲置的老物件打造出的节点景观，既节省建设资金、改善村庄风貌，又彰显了村庄的特色（图17-10）。三是鼓励区内企业投入村镇建设工作。政府组织旅游、农业种植、农产品加工等类型为主的企业入村投资建设，与村民、村集体一起壮大产业发展，实现互利共赢。

图17-10 长安区太乙宫街道四皓村"老物件"景观墙

图片来源：笔者自摄

七、盘活村庄土地资源，统筹城乡建设布局

长安区积极盘活村庄土地资源，统筹布局城乡建设用地。

一是系统梳理全区村庄居民点情况，制定村庄撤并方案。通过综合利用土地增减挂钩、占补平衡、生态移民搬迁等政策，有序撤并规模小、生态敏感区内的村庄居民点，节约集约用地建设新村，统筹配置基础设施和公共服务设施。将撤并过程中节余的建设用地统筹用于城乡建设和产业发展。如长安区五台街道关庙、大瓢等7个村从秦岭山区内部搬迁至山下，统筹建设石砭峪新村，并统筹建设村庄道路，配置公共设施、基础设施等服务设施，村民生活、医疗、教育条件得到显著改善（图17-11）。

图17-11 长安区五台街道石砭峪村村庄风貌

图片来源：笔者自摄

二是引导农村承包土地经营权有偿流转，盘活土地资源。长安区积极整合农业用地，支持现代农业种植企业入驻村庄承包农用地，增加村集体、农民收入，实现企业、集体、村民多方共赢。如王曲街道南堡寨村组织农户将多年闲置的农田承包给天朗集团，用于种植花卉等经济作物，这既有效利用了土地规模化经营，提高了农业用地的附加值，又增加了农民收入，实现企业、村集体、村民良性互动发展。

第三节　主要问题与建议

一、主要问题

1. 村镇建设缺乏长效机制

长安区村镇建设以政府投入为主，主要依赖于上级财政拨款，村镇建设缺乏自我造血机制，难以形成有效的循环发展。同时，村镇领域缺乏长效管护机制，主要以村民自发维护为主，区政府颁发荣誉称号进行激励。目前村镇的长效管护主要集中在村庄环境卫生、乡风文明塑造两个方面，在基础设施、公共服务设施、绿化美化方面仍以区政府财政投入居多。

2. 部门资金整合存在困难

村镇建设工作涉及的部门和职能单位较多，缺乏有效的项目和资金整合机制。长安区除财政部门加大了对涉农资金的投入力度外，陕西省、西安市下达长安区的涉农资金还涉及了农业、林业、水务、扶贫、民政、交通等多个部门，种类繁多。涉农资金来源渠道增多、各项资金投入分散、资金来源和使用的部门化、碎片化等问题，造成资金的使用效益不高，难以形成使用合力，不能集中解决突出矛盾和问题。另外，财政、发改、交通、水务、国土、农委、扶贫、住建等部门在实施的涉农项目上，性质相同、用途相近，涉农资金的碎片化、条块化、同质化问题突出，影响了村镇建设的有序发展。

二、有关建议

1. 开展美丽乡村等试点示范，推进村镇建设工作

全国村镇区域面积较广，难以全面铺开建设，综合应用试点示范等工作机制，循序推进村镇建设工作。一是通过标准引领、试点

先行、示范推广等体制机制，逐步实现村镇建设的有序化及规范化。二是综合运用检查、考核、奖惩等方式，对美丽乡村的建设与运行实施动态综合管理。三是及时汇编各地村镇标准化试点建设经验，积极组织学习和观摩，树立村镇建设典型模范。

2. 构建稳定的村镇建设投入机制

推进村镇建设，需要建立稳定的投入机制。一是明确政府在村镇建设投入中的主导地位，加大政府对村镇领域的资金、项目、人员等要素的投入，积极推动要素资源向村镇领域倾斜。二是积极引导村集体、村民、企业等多元主体进行村镇投资，发动各方力量参与村镇建设，共同缔造美丽村镇。